JN190815

日経ソフトウエア｜編

日経BP

目次

本書の読み方

米 OpenAI がチャット型の AI サービス「ChatGPT」(https://chatgpt.com/) を公開したのは、2022 年 11 月のことでした。SNS のチャットのような見た目や使い勝手で会話を楽しめるサービスですが、SNS のチャットと違うのは相手が人間ではなく AI（人工知能）だということです。そう聞くと、「所詮は用意された何パターンもの回答からプログラムが最適と判断した回答を表示するだけだろう」と考えるかもしれません。

「LLM」は「生成AI」の頭脳とも呼べる技術

けれども ChatGPT は違いました。どんな質問に対しても、きちんと整理された読みやすい文章で答えてくれました。「もっと分かりやすく教えて」と追加で質問すれば、表現を変えて何度でも答えてくれました。さらに「パリピっぽく答えて」といえば、同じ質問をしても陽気な口調と言葉遣いで答えてくれるようになります。

それはまるで、人間が相手との会話の中で臨機応変に対応することと同じです。このように、幅広い質問に回答できる賢さを備えながらも、人間のように自然な文章で応答してくれることが知れわたると、ChatGPT はテレビや雑誌でも取り上げられるほど大きな注目を集めるようになりました。

それと同時に広く知れわたった技術が、文章や画像を AI に入力すると別の文章や画像が生成される「生成 AI」と呼ぶ技術です。生成 AI のなかでも、ChatGPT のように文章を生成する AI の中核となる技術が、本書のテーマである「LLM」(Large Language Model、大規模言語モデル）です。

LLM は生成 AI の頭脳に相当する技術なだけに、当初は高性能な LLM のほとんどが公開されていませんでした。ChatGPT の LLM である「GPT-3.5」や「GPT-4」などは現在も公開されておらず、ChatGPT の LLM を使いたければ、API 経由で従量課金のもとに利用するしかありません。

けれども米 Meta や米 Google といった大手の IT ベンダーが、自社開発の LLM を公開し始めたことで状況が変わりました。ChatGPT の GTP-4 に匹敵する高性能な LLM を、無課金で自由に手元のパソコンで動かす環境が整いつつあります。こうしたLLMは、ChatGPTのようなクラウド側で動かすLLMに対して、「ローカルLLM」と呼ばれています。

ローカルLLMの動作には高スペックなパソコンが必要

LLMは、性能が高くなればなるほど学習済みのデータが膨大となり、ファイルサイズがギガバイト単位で大きくなっていきます。これを手元のパソコンで動かすには、膨大な学習済みデータを余裕をもって展開できるだけの大容量なメモリーと、それらを次から次へと滞ることなく処理できるだけの高性能で多数のコアを持つプロセッサが必要です。

詳細なスペックは本書の第7章で紹介しているので、そちらを参照してください。本書では、ほとんどの記事で次のスペックのパソコンを使って動作検証しています。

GPU：NVIDIA GeForce RTX 4070 Laptop GPU
VRAM：8GB
CPU：13th Gen Intel Core i7-13700HX 2.10 GHz
RAM：16GB
OS：Windows 11

「VRAM」とは、GPU専用のメモリーのことです。上記と同レベル以上の米NVIDIA製GPUを搭載しないパソコンでは、記事で紹介するソフトウエアの動作が非常に遅くなる、あるいは正しく動作しない可能性があります。この点はご了承ください。

なお、第2章と第3章の一部の記事では、8GBまたは16GBのユニファイドメモリーを内蔵したAppleシリコンの「M2チップ」を搭載した「MacBook Air」で動作検証しています。VRAMとRAMが融合したユニファイドメモリーを内蔵するMac製品は、ローカルLLMを動かすのに向いたパソコンといえます。

Pythonを使ってローカルLLMを活用する方法を解説

本書は7つの章で構成しています。第1章でローカルLLMの概要を解説した後、第2章以降で、実際に手元のパソコンでローカルLLMを動かす方法を解説しています。本書の解説とおりに手を動かしながら読み進めることで、ローカルLLMの動く仕組みと基本的な使い方、さらには活用法までを理解できる構成になっています。

ローカルLLMを動かすソフトウエアとして、本書では「Jan」と「Ollama」を紹介します。二つの違いは、JanはGUIの操作だけで導入・利用できるソフトウエアで、Ollamaはコマンドラインで利用するソフトウエアだということです。ローカルLLMが初めての人でも簡単に動かせるのは、Janの方です。そこでまずは第2章で、Janを使ってローカルLLMを動かしてみます。続く第3章で、Ollamaを使ってローカルLLMを動かします。

コマンドラインツールのOllamaは、Python向けのライブラリが用意されていて、LLMの機能を組み込んだプログラム開発が可能です。そこで第4章から第6章では、PythonのプログラミングによるローカルLLMの活用法を三つ、紹介しています。プログラミングが初めての人にはチャレンジになるかもしれません。けれども、掲載しているサンプルプログラムはすべて本書のサポートサイトに用意しているので、プログラミングの知識がなくても、記事の手順通りに作業することで動かすことができるでしょう。

最後の第7章では、ローカルLLMを快適に動かすためのパソコンのスペックについて解説しています。性能が高いパソコンほど快適に動かせますが、やはり予算も高くつきます。自分にとって最適なコストパフォーマンスで選択するポイントをまとめたので、ぜひ参考にしてみてください。

なお、本書は第3章を除き、以下の日経BPが発行する専門誌の掲載記事を加筆修正する形で掲載しています。

第1章	日経ソフトウエア	2024年9月号	特集1
第2章	日経ソフトウエア	2024年9月号	特集1
第4章	日経ソフトウエア	2024年9月号	特集1
第5章	日経ソフトウエア	2025年1月号	特集1
第6章	日経ソフトウエア	2025年1月号	特集1
第7章	日経PC21	2024年12月号	特集

本書の表記について

キー操作の表記

操作するキーは大かっこで表記しています。例えば、[Ctrl] キーは「Ctrl」と刻印されたキーを押す操作、[C] キーは「C」と刻印されたキーを押す操作を表しています。大文字の「C」を入力するという意味ではないことに注意してください。

[Ctrl + C] キーは、「Ctrl」と刻印されたキーを押した状態で「C」と刻印されたキーを同時に押す操作を表します。[Ctrl + Alt + T] キーは、「Ctrl」と刻印されたキーを押した状態で「Alt」と刻印されたキーを同時に押し、その状態でさらに「T」と刻印されたキーも同時に押す操作を表しています。

1行に収まらないコマンドラインやプログラムの表記

1行の文字数が限られているため、本書では1行に収まらないコマンドやプログラムを、折り返して表記しています。その場合、折り返した行末に「↩」を入れています。

例えば、次に示したのは第4章で紹介している「llama-cpp-python」ライブラリをインストールするコマンドです。↩で折り返して2行に分かれていますが、実際には一続きのコマンドラインとして入力します。二つのコマンドが並んでいるわけではないので、注意してください。

```
pip install llama-cpp-python --extra-index-url https://abetlen.githu↩
b.io/llama-cpp-python/whl/cpu
```

プログラムの場合も同様です。次に示したのは第2章のリスト2.2で掲載しているプログラムの一部です。1行が収まりきらないため、「↩」で折り返していることを明記しています。

```
  await cl.Message(content=completion.choices[0].message.content).se↩
nd()
```

動作環境について

本書では、ローカルLLMを動かす環境としてWindows 11のパソコンを想定しています。けれども、紹介している「Jan」や「Ollama」といったソフトウエア、Pythonの実行環境などは、macOSやLinuxにも対応しています。このため、紹介している手順やコマンドラインは、基本的にはmacOSやLinuxにも対応・動作するものと考えられます。ただし、編集部ではmacOSやLinuxで動作検証していない点を、ご了承ください。

Windowsは「コマンド プロンプト」の利用を推奨

紹介しているコマンドラインは、Windows 11に標準インストールされている「ターミナル」と呼ぶコマンドラインツールを使って実行します。ターミナルでは、シェルの環境として「Windows PowerShell」と「コマンド プロンプト」の2種類が用意されています。

多くのWindows 11のパソコンでは、Windows PowerShellがデフォルトのシェルに設定されており、ターミナルを起動すると利用できるようになっています。けれども、本書ではコマンド プロンプトの利用を推奨しています。Windows PowerShellは、記事に記載されているとおりにコマンドラインを入力しても、正常に実行されないことがあるためです。

コマンド プロンプトを利用するには、ターミナルのアイコンを右クリックし、表示されるメニューで「コマンド プロンプト」をクリックします。または「スタート」ボタンをクリックしてメニューを開き、「コマンドプロンプト」で検索します。「アプリ」として「コマンド プロンプト」が見つかるのでクリックします。いずれの方法でも、起動したターミナルのタブを確認し、「コマンド プロンプト」と表示されていれば正常に起動できています。

Pythonの実行環境とC++の開発環境が必要

本書では、Pythonのプログラムからローカル LLMを利用する方法を紹介しています。Pythonのプログラムを扱うには、Pythonの実行環境とC++の開発環境（実際は米Microsoftの統合開発環境「Visual Studio」）の二つを、あらかじめ導入しておく必要があります。それぞれ公式サイトからインストーラーをダウンロードし、それを実行することで導入できます。詳細な手順は記事のなかで紹介しているので参照してください。

訂正・補足情報について

本書のサポートサイト「https://nkbp.jp/llm2412」に掲載しています。

サポートサイトでは、本書で紹介しているサンプルプログラムのファイルを配布しています。必要に応じてダウンロードしてください。

免責事項

- 本書の内容や利用しているソフトウエアのバージョン、Web API、Web サービス、Web サイトなどは記事執筆時または流用元記事の掲載時のものです。ソフトウエアやWeb API、Webサービスなどの仕様変更または提供の中止などの理由により、掲載プログラムが意図とおりに動作しない可能性があります。その場合、本書の内容を新しい情報に合わせて更新するといったサポートは、原則としていたしません。
- 掲載プログラムは記事に付属するものとして、教育的または実験的な視点で作られたものです。業務での利用は想定されていません。また、掲載プログラムの動作は保証しません。
- 掲載プログラムは自己責任で実行してください。掲載プログラムの実行によっていかなる損害が生じても、筆者および日経BPは一切その責任を負いません。また、本書に記載している内容によって生じた、いかなる社会的、金銭的な被害について、著者ならびに本書の発行元である日経BPは一切の責任を負いかねますのであらかじめご了承ください。

第1章

ローカルLLM ［大規模言語モデル］の概要

日経ソフトウエア　著

米 OpenAI のチャット AI サービス「ChatGPT」(https://chatgpt.com/)では、人工知能(AI)を相手に、まるで人間同士のような自然な会話(チャット)を楽しめます。このサービスの基盤となっている技術が「LLM」(Large Language Model、大規模言語モデル)です。LLM は入力した文章に対して、自身が学習した膨大なデータに基づいて自然な文章で回答してくれます。このように自然な文章を生成できることから、「生成 AI」とも呼ばれています。

1.1 「ローカルLLM」は手元のパソコンで動く

ChatGPT の場合、LLM は米 OpenAI が運用するクラウド上のサーバー側に実装されています。けれども最近、この LLM を手元のパソコンやスマートフォンに実装できるようになってきました。LLM をパソコンやスマートフォンのストレージに保存し、その LLM を使って、手元のパソコンやスマートフォンだけで ChatGPT のようなチャット AI を動かすのです(**図 1.1**)。このような LLM を、サーバー側に実装する LLM と区別して「ローカル LLM」と呼んでいます。米 Microsoft が Windows 11 に搭載した「Microsoft Copilot」や、米 Apple が将来の iPhone や Mac に搭載予定の「Apple Intelligence」もローカル LLM の一つです。

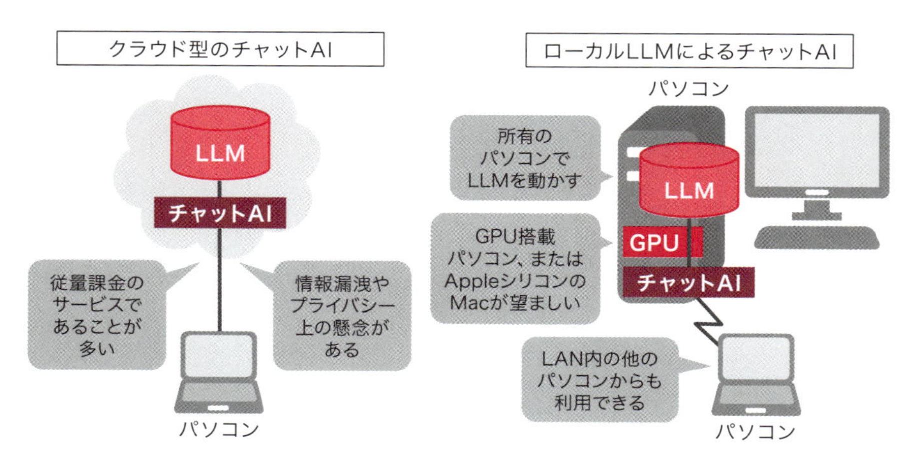

図 1.1　クラウド型のチャット AI とローカル LLM によるチャット AI の違い
ローカルLLMは「オンデバイスLLM」と呼ばれることもある。

ローカル LLM は、ローカル環境で動かすので、当然、従量課金はされません。クラウド型のチャット AI で懸念されている情報漏洩やプライバシー上の問題もありません。性能は、ChatGPT の最新の LLM「GPT-4o」を実装した「ChatGPT-4o」のような最先端のチャット AI には劣るようですが、それでも利用する価値のある水準に到達しています。

ローカルLLMは驚くほど簡単に使える

「でも、難しそう」とか「今の時点では AI の専門家のためのものでしょう？」と思われるかもしれません。しかし、そんなことは全くないのです。ローカル LLM は、第 2 章で紹介する「Jan」のような便利なソフトウエアのおかげで、驚くほど簡単に導入できます。また、単純に使うだけなら、LLM の仕組みに関する知識はもとより、プログラミングの知識さえ不要です。一般的な IT リテラシーがあれば、誰でもパソコンにローカル LLM を導入して使えるレベルにまで、利用のハードルは下がっています。

一つだけ、現時点でやや高いハードルがあるとすれば、パソコンのスペックでしょう。10 万円以下の格安のパソコンでは力不足です。ローカル LLM を快適に動かすためには、米 NVIDIA の GPU を搭載するパソコンが必要です。そして GPU の VRAM が多ければ多いほど、つまり高額な GPU ほど、性能の良い LLM を動かせます。あるいは Apple シリコン搭載の Mac でも、ある程度快適に動かせます。

具体的に、どの程度のスペックのパソコンが必要なのかは、本書の第 7 章にまとめました。ぜひ参考にしてみてください。

ChatGPT風Webサイトの構築も簡単

ローカル LLM は、プログラミングによって一層活用できます。ローカル LLM で利用できるライブラリが、既にたくさんあるからです。例えば、「Chainlit」や「Streamlit」のような Python の Web UI ライブラリとローカル LLM を組み合わせれば、**図 1.2** のような ChatGPT 風のチャット AI の Web サイトを簡単に作成できます。実際に本書の第 2 章で、図 1.2 のチャット AI の作り方を解説します。

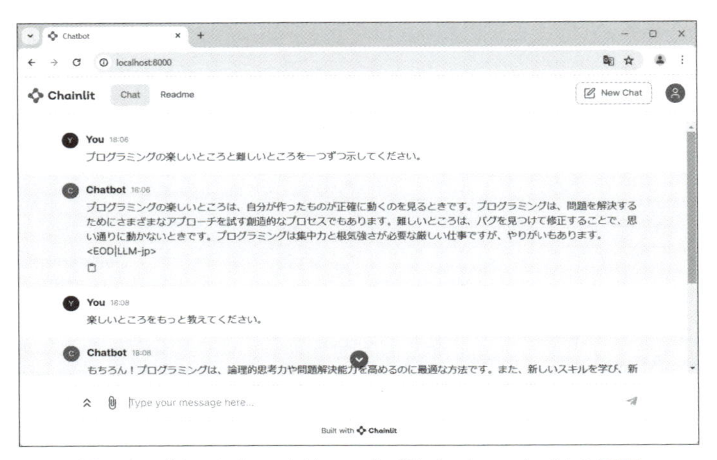

図 1.2 「Chainlit」を使って作成したチャット AI の画面
ローカルLLMで利用できるライブラリが多数用意されていて、このようなチャットAIのWebサイトを簡単に作成できるようになっている。

また、LLM に関する詳細な知識があれば、「Transformers」や「LangChain」といった Python のライブラリを使うことで、ローカル LLM を用いるより高度なチャット AI などのシステムを構築できます。さらに、「RAG」(Retrieval Augmented Generation、検索拡張生成）や「ファインチューニング」と呼ばれる手法を使えば、実施するのは大変ですが、ローカル LLM 自体のカスタマイズも可能です。

1.2 ローカルLLMに必要なソフトウエアは二つ

ローカル LLM をどのようにパソコンに導入するのかを説明しましょう。主に次の 2 種類のソフトウエアを使います。

- LLM のファイル
- LLM プラットフォームのソフトウエア

これらの中には商用利用が不可のものがあるので、その点は注意しましょう。

では、順番に説明します。

LLMのファイル

LLM のファイルとは、インターネット上などにある膨大なデータを学習したモデルのファイルのことです。ChatGPT のようなチャット AI サービスでも、自社で開発した LLM のファイルが利用されています。ただし、ChatGPT のようなクラウド型のチャット AI は “クローズド型” で、通常、LLM のファイルは公開されていません。

一方、インターネット上で公開されていて、誰でも入手して利用できる “オープン型” の LLM のファイルが、既に多数存在します。それらの多くは、AI 関連の様々なモデルを共有・公開できるサイト「Hugging Face」の「Models」の Web ページから入手できます。次の URL にアクセスしてみましょう。

```
https://huggingface.co/models
```

表示される**図 1.3** の Web ページから、いろいろな LLM のファイルをダウンロードできます。ファイルのサイズはギガバイト（GB）単位です。一般的に言って、ファイルのサイズが大きいほど高性能な LLM になります。

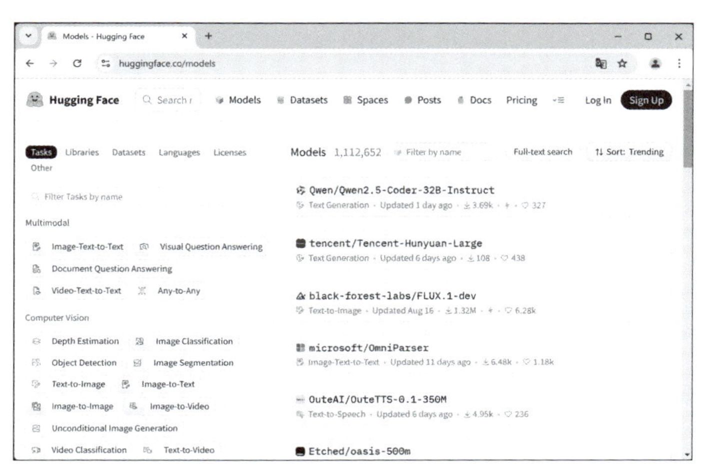

図 1.3 「Hugging Face」の「Models」の Web ページ

表1.1 に、Hugging Face の Models から入手できる LLM の例を示します。特定の用途に特化したものもあり、例えば「Code Llama」や「Stable Code」は、ソースコードの生成に特化した LLM です。近い将来、これらの LLM が開発ツールに統合され、コードの補完やプログラムの生成を行ってくれる未来が見えてきます。

LLMの名称	概要
Code Llama	米Metaが公開。Llama 2をベースにした、プログラムのソースコード生成用LLM
ELYZA-japanese-Llama-2	日本のAIスタートアップであるELYZAが公開。Llama 2をベースにした日本語のLLM
Fugaku-LLM	2024年5月に東京工業大学や富士通などが公開。スーパーコンピュータ「富岳」で学習した日本語能力が高い最新のLLM
Llama 2	米Metaが公開。代表的なオープン型のLLM
Llama 3	2024年4月に米Metaが公開した最新のLLM
Mistral-7B	フランスのAIスタートアップであるMistral AIが公開
OpenELM	2024年4月に米Appleが公開した最新の小型LLM
Phi-3-mini	2024年4月に米Microsoftが公開した最新の小型LLM
Stable Code	画像生成AIの「Stable Diffusion」を開発する英Stability AIが公開。プログラムのソースコード生成用LLM
TinyLlama	TinyLlamaプロジェクトが公開。Llama 2と同じ構造とトークナイザーを持つ小型のLLM

表1.1 「Hugging Face」の「Models」から入手できる LLM の例

スマートフォン向けのLLMも登場

「OpenELM」や「Phi-3-mini」のように、スマートフォンでの動作を想定した小型の LLM が登場している点も重要です。iPhone で動く「Apple Intelligence」が既に発表されているように、今後 LLM は多くのスマートフォンに標準搭載されるでしょう。

また、「ELYZA-japanese-Llama-2」や「Fugaku-LLM」のように、日本国内の企業や団体、研究機関が公開している、日本語に強い LLM もあります。

さて、表 1.1 の「LLM の名称」は、実はざっくりとしたものです。実際には、各 LLM はいろいろなバリエーションがあり、それぞれ異なるファイルで提供されています。例えば、Hugging Face の Models で「Filter by name」に「ELYZA-japanese-Llama-2」と入力して検索すると、**図 1.4** のようにたくさんの結果が現れます。

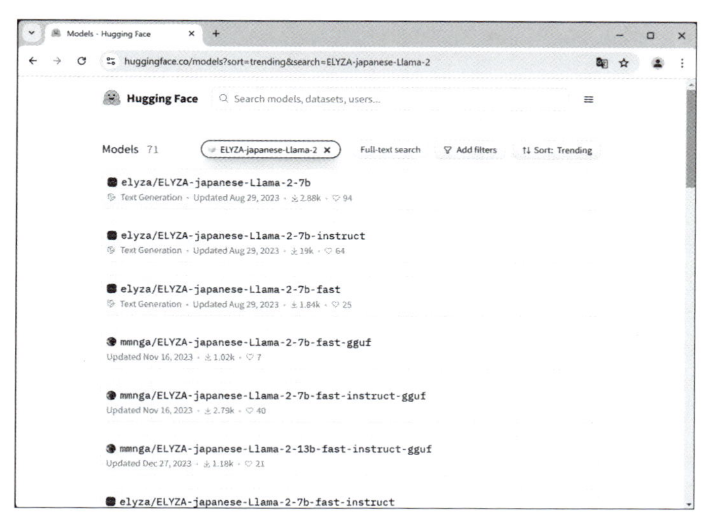

図 1.4 「ELYZA-japanese-Llama-2」で検索した結果

さらに、各検索結果をクリックすると、いくつものファイルが表示されます（**図 1.5**）。

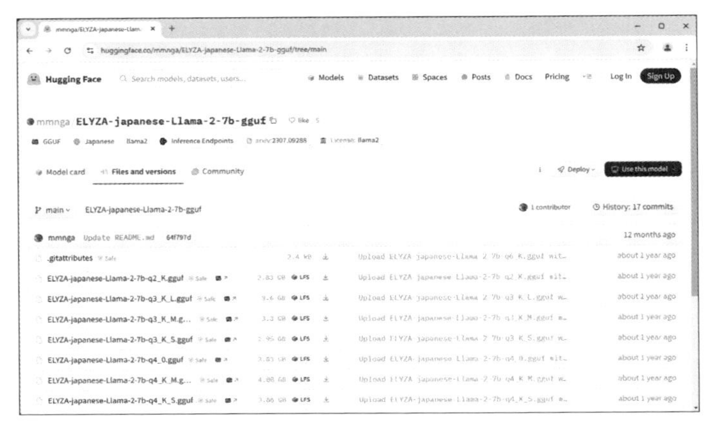

図 1.5　「ELYZA-japanese-Llama-2-7b-gguf」の LLM のファイル一覧

この画面は、検索結果の一覧で「mmnga/ELYZA-japanese-Llama-2-7b-gguf/」をクリックし、表示されたWebページの左上にある「Filters and versions」をクリックすると表示される。

同じLLMでもパラメータ数が多いほど性能は高い

様々なバリエーションがあると、どれを選べばよいのか迷ってしまうでしょう。選択の主なポイントは次の三つです。

- gguf 形式であること
- パラメータ数
- 量子化のビット数

ローカル LLM では、LLM のファイル形式として「gguf 形式」が使われることが多いので、「.gguf」の拡張子を持つファイルを選びます。

「パラメータ数」は、LLM のニューラルネットワークの状態を表す値の数です。同じ LLM でも、「70 億パラメータ」版と「130 億パラメータ」版など、パラメータ数が異なるファイルがあります。通常、パラメータ数が多いほど、LLM の性能は高くなります。ただし、同時に LLM のファイルサイズも大きくなるので、大きなパラメータ数の LLM を動かすには、高性能なパソコンが必要になります。

LLMのファイルは、パラメータの値の「量子化」によってサイズを圧縮できます。例えば、もともとは32ビットの浮動小数点数のパラメータの値を、8ビットの整数（–128～127の値）で量子化すれば、ファイルサイズが減ります。もし、4ビットの整数（–8～7の値）で量子化すれば、ファイルサイズはもっと減ります。

この8ビットや4ビットといった値が「量子化のビット数」です。量子化のビット数が小さければそれだけファイルサイズを小さくでき、低い性能のパソコンでも動くようになります。しかし一方で、LLMの性能は低下します。

まとめると、次のようになります。

- パラメータ数と量子化のビット数が多いほど高性能なLLMだが、代わりにファイルサイズも巨大になるので、動かすには高性能なパソコンを用意しなければならない。
- 性能の低いパソコンでLLMを動かしたいのであれば、パラメータ数と量子化のビット数が少ないLLMを選ぶ。

そして多くの場合、前述の三つのポイントの情報は、ファイル名に含まれています。例えば図1.5に表示されているファイル一覧のなかにある「ELYZA-japanese-Llama-2-7b-q4_0.gguf」であれば、**図1.6**のようになります。

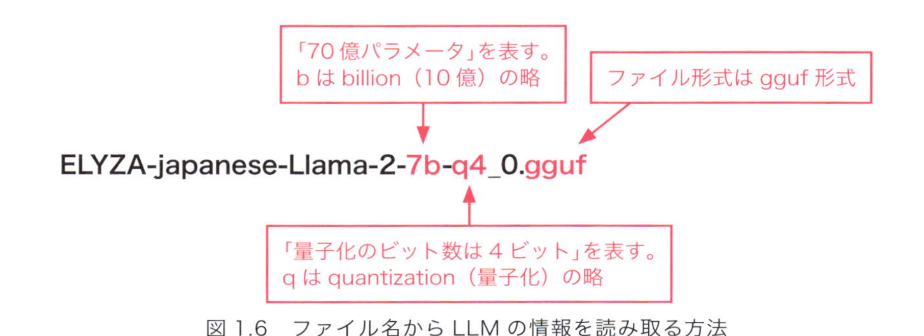

図1.6　ファイル名からLLMの情報を読み取る方法

LLMプラットフォームのソフトウエア

LLMとのチャットなどの機能を提供するのが、“LLMプラットフォーム”や“LLM実行環境”と呼ばれるソフトウエアです。既にいろいろなソフトウエアがあります。次に、例をいくつか示しましょう。

Jan
Ollama
llama.cpp
Text-generation-webui
Backyard AI
LM Studio
NVIDIA ChatRTX
AI Toolkit for VS Code

これらのソフトウエアを使うと、ダウンロードした様々なLLMのファイルを動かすことができます。本書では、第2章で「Jan」を、第3章で「Ollama」を使ってローカルでLLMを動かす方法を紹介します。さらにOllamaを使ったローカルLLMの活用方法を、第4章から第6章でまとめました。

第2章

ローカルLLMをサクッと使える ChatGPT風ツール「Jan」

日経ソフトウエア　著

本章では、LLMプラットフォームの中でも利用のハードルが低く、オープンソースで開発されている「Jan」を使ってローカルLLMを動かしてみましょう。Janを起動すると、ChatGPTのようにGUIの画面上でAIとチャットを楽しむことができます。一般的なパソコン用のアプリケーションと同じように操作できるので、ローカルLLMを初めて使う人には最適です。

2.1 ChatGPT風ツール「Jan」を導入する

まず、次のURLにアクセスしてJanのインストーラーをダウンロードし、インストールします。インストーラーはWindows用、macOS用、Linux用があります。

```
https://jan.ai/
```

なお、2024年11月末時点の最新版である「v0.5.9」は正常に動作しませんでした。もし最新版で正常動作しなかった場合には、次のURLから旧バージョンである「v0.5.7」のインストーラーをダウンロードして試してください。

```
https://github.com/janhq/jan/releases/tag/v0.5.7
```

表示されるページの下の方にある「Assets」に、各OSに対応したファイルが一覧表示されます。それぞれリンクになっているので、クリックするとダウンロードできます。

インストーラーをダウンロードできたら、ダブルクリックして起動してください。特に設定などの作業は必要なく、自動的にインストール作業が進められます。ただし、旧バージョンをインストールした場合は、途中でアップデートの確認が求められます。最新版に不具合があるときは、「Later」を選択してアップデートを回避するようにしてください。インストールが完了すると自動でJanが起動します。

初回の起動直後の画面は**図2.1**のようになります。画面の左上に並んでいるアイコンのうち、「Hub」ボタンをクリックしてみましょう。

図 2.1　Jan の起動直後の画面

有名どころの LLM をダウンロードできる画面に切り替わります。各 LLM には、Jan を実行しているパソコンの VRAM の容量に合わせて、「Slow on your device」「Not enough VRAM」などのタグが表示されています（**図 2.2**）。タグが付いていないものが推奨される LLM なので、基本的にタグの付いていない LLM を選ぶのがよいでしょう。

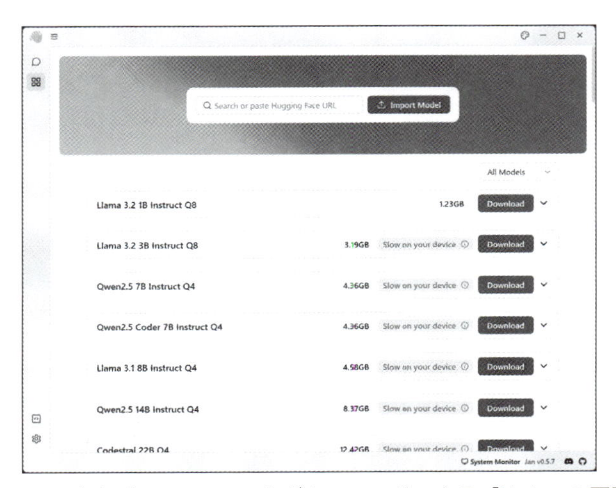

図 2.2　有名どころの LLM をダウンロードできる「Hub」の画面

まずは試しに、最新の「Llama 3.2 1B Instruct Q8」をダウンロードしてみます（**図 2.3**）。このLLMはファイル名から、8ビットで量子化された10億パラメータのLlama 3.2だとわかります。サイズは1.23GBで、これはLLMの中では小型の部類です。たった1.23GBに人類が生み出した知識が詰まっているといえます。

図 2.3　「Llama 3.2 1B Instruct Q8」をダウンロード中の画面

2.2 「Llama 3.2」とのチャットAIを試す

ダウンロードが完了したら、画面左下にあるギアアイコンの「Settings」ボタンをクリックして設定画面を表示します。すると、「Llama 3.2 1B Instruct Q8」という表示があるので、その右端にある「メニュー」ボタンをクリックし、表示されるメニューで「Start Model」をクリックします（**図 2.4**）。これでLlama 3.2 1B Instruct Q8が読み込まれます。その後、ステータスが「Active」の表示になったら、準備完了です。たったこれだけで、ローカルLLMが動き、チャットができるようになります。

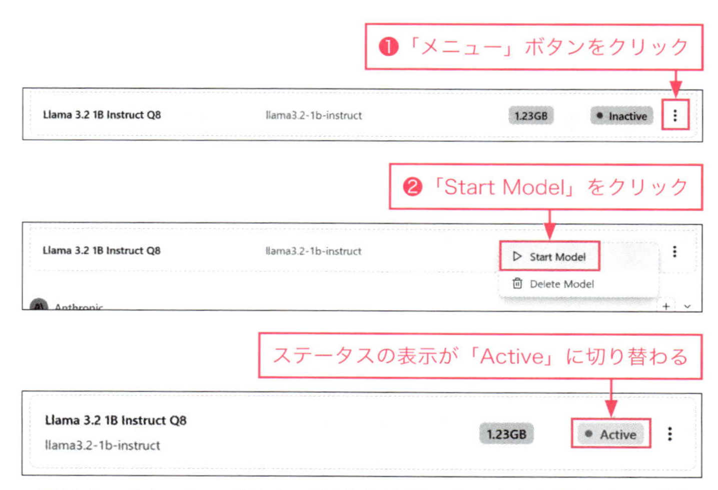

図 2.4　ダウンロードしたモデルを利用できるように設定する手順

では、画面左上の「Thread」ボタンをクリックして、チャットAIの画面に切り替えましょう。

表示される画面右上の「Model」タブで「Llama 3.2 1B Instruct Q8」を選んだら、「Assistant」タブの「Instructions」に「あなたは親切なアシスタントです。日本語で答えてくれます。」と入力します。その後、画面中央の下方にある「Ask me anything」の入力フィールドに何か質問文を入力してみましょう。例えば、「現在、一番人気のプログラミング言語は何ですか？」と入力すると、**図 2.5** の返答が得られました。

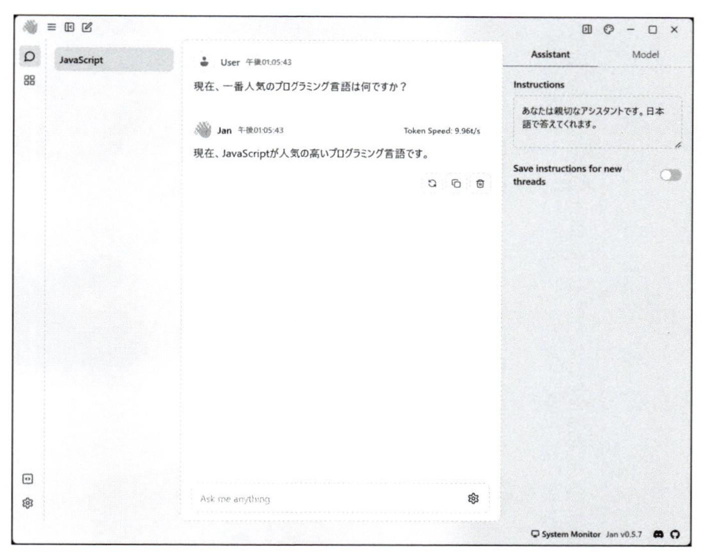

図 2.5　LLM ファイル「Llama 3.2 1B Instruct Q8」を使ったチャット画面

一番人気のプログラミング言語がJavaScriptという返答だったので、続けて「JavaScriptの特徴を簡単に教えてください。」と質問してみました。返答は**図 2.6** で、ほぼ完璧な内容です。これらの日本語文章の生成処理が、自分のパソコンの中だけで行われているのですから、これはものすごいことでしょう。少し前までの常識では、とても考えられなかったことです。

User 午後01:07:16

JavaScriptの特徴を簡単に教えてください。

 Jan 午後01:07:16　Token Speed: 8.32t/s

JavaScript は、次の 3 つの特徴を特徴として考えられます。

1. **DOMの操作**: JavaScript は DOM (Document Object Model) を使用して、HTML の HTML Element にアクセスし、操作することができます。DOM には、オブジェクト、セクション、要素、属性、操作、イベント、リストなど、さまざまなオブジェクトを使用して、HTML の HTML Element にアクセスし、操作することができます。
2. **JavaScript の関数**: JavaScript の関数は、関数表达式を使用して、タスクを実行します。関数は、JavaScript のプログラミング言語で、関数のアクセス、作成、関数を使用して、タスクを実行します。
3. **イベントの使用**: JavaScript のイベントは、特定のイベントを実行するために使用されます。イベントは、関数と関数のアクセス、作成、関数を使用して、イベントを実行します。

これらは、JavaScript の基本的な概念です。

図 2.6 「JavaScript の特徴を簡単に教えてください。」に対する返答の画面

プログラムのソースコードの生成にも対応できる

ソースコードを生成させてみましょう。「引数で与えた数が素数かどうかを判定する Python の関数を教えてください。」や「文字列からコンマ（,）を削除する Python の関数を教えてください。」という質問には、完璧なソースコードを示してくれました（**図 2.7**）。

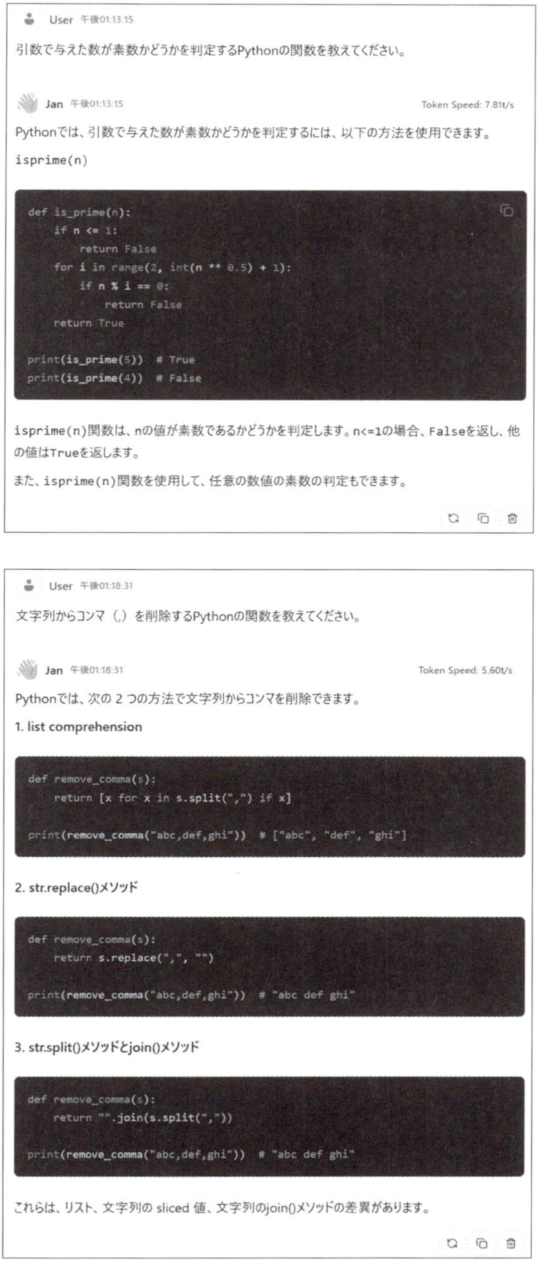

User 午後01:13:15

引数で与えた数が素数かどうかを判定するPythonの関数を教えてください。

Jan 午後01:13:15 Token Speed: 7.81t/s

Pythonでは、引数で与えた数が素数かどうかを判定するには、以下の方法を使用できます。

`isprime(n)`

```
def is_prime(n):
    if n <= 1:
        return False
    for i in range(2, int(n ** 0.5) + 1):
        if n % i == 0:
            return False
    return True

print(is_prime(5))  # True
print(is_prime(4))  # False
```

`isprime(n)`関数は、nの値が素数であるかどうかを判定します。`n<=1`の場合、`False`を返し、他の値は`True`を返します。

また、`isprime(n)`関数を使用して、任意の数値の素数の判定もできます。

User 午後01:18:31

文字列からコンマ（,）を削除するPythonの関数を教えてください。

Jan 午後01:18:31 Token Speed: 5.60t/s

Pythonでは、次の 2 つの方法で文字列からコンマを削除できます。

1. list comprehension

```
def remove_comma(s):
    return [x for x in s.split(",") if x]

print(remove_comma("abc,def,ghi"))  # ["abc", "def", "ghi"]
```

2. str.replace()メソッド

```
def remove_comma(s):
    return s.replace(",", "")

print(remove_comma("abc,def,ghi"))  # "abc def ghi"
```

3. str.split()メソッドとjoin()メソッド

```
def remove_comma(s):
    return "".join(s.split(","))

print(remove_comma("abc,def,ghi"))  # "abc def ghi"
```

これらは、リスト、文字列の sliced 値、文字列のjoin()メソッドの差異があります。

図 2.7　Python のソースコードの生成を依頼した結果の画面

もっとも、10億パラメータで、8ビットで量子化されたかなり小型のLLMですから、性能には限界があるようです。例えば、「江戸前の寿司の特徴を教えてください。」という質問への返答は、いくつかの間違いを含む内容になりました（**図2.8**）。

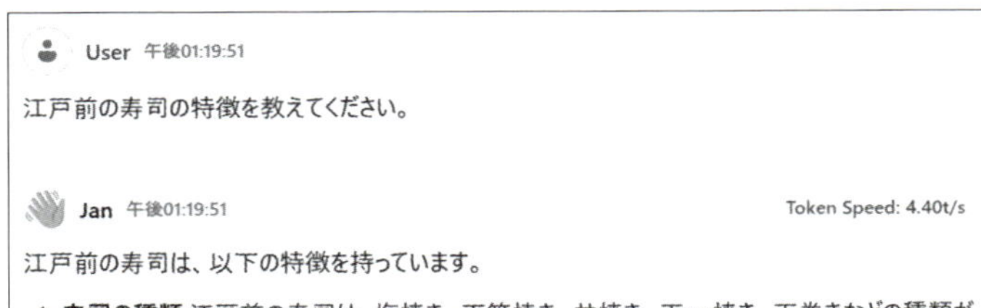

図2.8　「江戸前の寿司の特徴を教えてください。」に対する返答の画面

2.3 日本語が得意な「Fugaku-LLM」を試す

「江戸前の寿司の特徴を教えてください。」のような日本に関する質問には、日本語の文章を学習しているLLMの方が優位でしょう。そこでスーパーコンピュータ「富岳」で学習したFugaku-LLMを入手して使ってみます。

まず、次の「Hugging Face」のURLにアクセスして、「利用規約」を確認しましょう。利用規約の確認にはHugging Faceのアカウントが必要になります。ちなみに、Fugaku-LLMは商用利用が可能です。

```
https://huggingface.co/Fugaku-LLM/Fugaku-LLM-13B/tree/main
```

次に、Jan の画面左上にある「Hub」ボタンをクリックして、表示される検索フィールドに、次の URL を入力します。

```
https://huggingface.co/mmnga/Fugaku-LLM-13B-instruct-gguf
```

図 2.9 のような LLM のダウンロード画面が表示されるので、ここでは「Available Versions」の一覧から、行頭に「Q4_0」というタグの付いた「Fugaku-LLM-13B-instruct-Q4_0.gguf」をダウンロードします。この LLM は 130 億パラメータで、4 ビットで量子化されたものです。サイズは 7.17GB です。

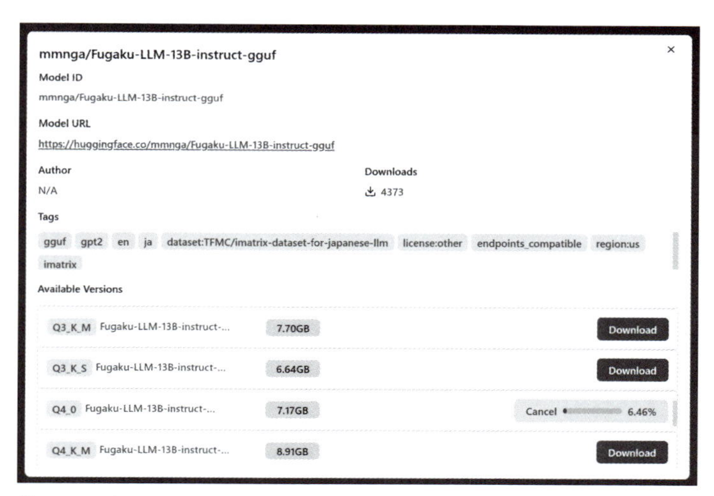

図 2.9 「https://huggingface.co/mmnga/Fugaku-LLM-13B-instruct-gguf」で検索した画面

ダウンロードが終わったら検索結果の画面を閉じ、メイン画面の左下にあるギアアイコンの「Settings」ボタンをクリックして設定画面を表示します。まず現在「Active」になっている Llama 3.2 1B Instruct Q8 を、「メニュー」ボタンから「Stop Model」を選ぶことで「Inactive」に変更します。続けて「Fugaku-

LLM-13B-instruct-Q4_0.gguf」を「Active」にしたら（**図 2.10**）、チャット AI の画面の Model タブで「Fugaku-LLM-13B-instruct-Q4_0.gguf」を選びます。

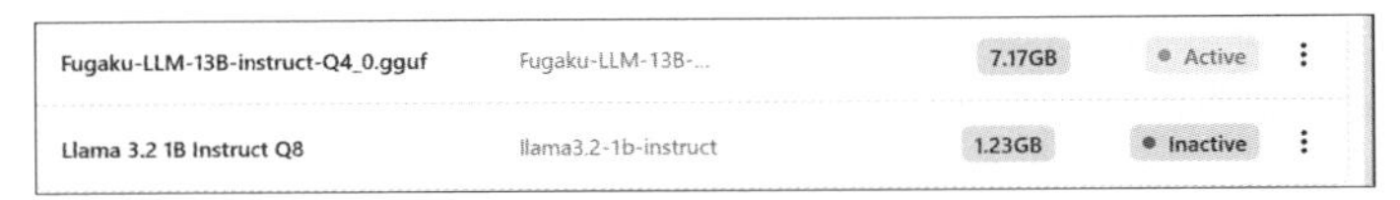

図 2.10　モデルの設定画面

Llama 3 1B Q8を「Inactive」にして、Fugaku-LLM-13B-instruct-Q4_0.gguf を「Active」にする。

では、Fugaku-LLM に「江戸前の寿司の特徴を教えてください。」と質問してみましょう。返答は**図 2.11** になりました。図 2.8 と比べると、明らかによい内容だといえます。パラメータ数の違いによる性能差を実感できます。

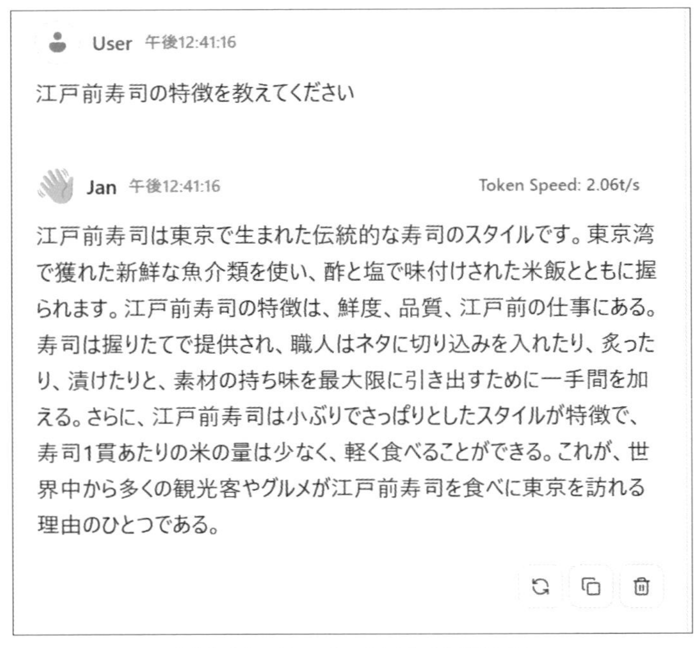

図 2.11　Fugaku-LLM の返答内容

富岳で学習したFugaku-LLMは、現代の科学技術の最先端の一つといえます。ローカルLLMには、そのようなものを自分の手で動かせる面白さがあります。

2.4 「LLMサーバー」を動かす

次に、Janが持つ「LLMサーバー」の機能を利用して、Fugaku-LLMのLLMサーバーを動かしてみましょう。LLMサーバーを動かせば、外部からLLMを利用できるようになります。

ここからはPythonの実行環境も使います。標準的なPythonの実行環境は、Pythonの公式サイト（https://www.python.org/）から入手できるインストーラーでパソコンに導入できます。Windows版Pythonのインストーラーでは、起動した最初の画面で「Add python.exe to PATH」の項目に必ずチェックを入れます。忘れると以降の「python」コマンドが動作しないので注意してください。

では、Janの画面左下にある「Local API Server」ボタンをクリックしましょう。その後、表示される「Start Server」ボタンをクリックします。「Start Server」ボタンが「Stop Server」ボタンに変化したら、LLMサーバーが起動した状態に変わります（**図2.12**）。

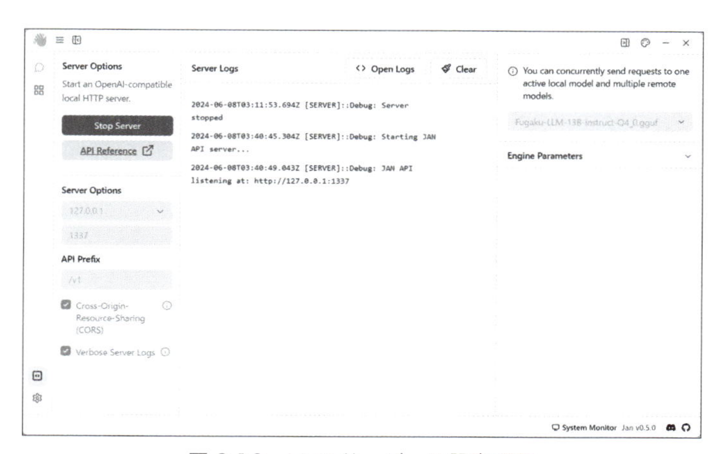

図2.12　LLMサーバーの設定画面

JanのLLMサーバーは、ChatGPTを開発する米OpenAIのAPIと互換性を持っています。これは、OpenAI API用のライブラリを利用できることを意味します。そこで同ライブラリを使い、LLMサーバーを利用する簡単なPythonのプログラムを実行してみましょう。

まず、オープンソースの「OpenAIライブラリ」を使うので、Windowsのコマンド プロンプトを起動して次のコマンドを実行します。

```
pip install openai
```

次に、**リスト2.1**のプログラムを記述して、「server_test1.py」といった名前で保存します。"プログラミング言語を二つに分類すると、何と何になりますか？"の部分が、LLMに対する質問文です。

リスト2.1 「server_test1.py」の内容
OpenAIのAPIと互換性を持つLLMサーバーに接続して、LLMに質問するPythonのプログラム。ここでは「Fugaku-LLM-13B-instruct-Q4_0.gguf」をLLMのファイルに指定している。

```
from openai import OpenAI

client = OpenAI(base_url="http://127.0.0.1:1337/v1", api_key="dummy")

completion = client.chat.completions.create(
  model="Fugaku-LLM-13B-instruct-Q4_0.gguf",
  messages=[
    {"role": "system",
     "content": "あなたは親切なアシスタントです。"},
    {"role": "user",
     "content": "プログラミング言語を二つに分類すると、何と何になりますか？"}
  ])

print(completion.choices[0].message.content)
```

そして、プログラムを次のコマンドで実行します。

```
python server_test1.py
```

しばらくすると、**図 2.13** の返答が得られました。

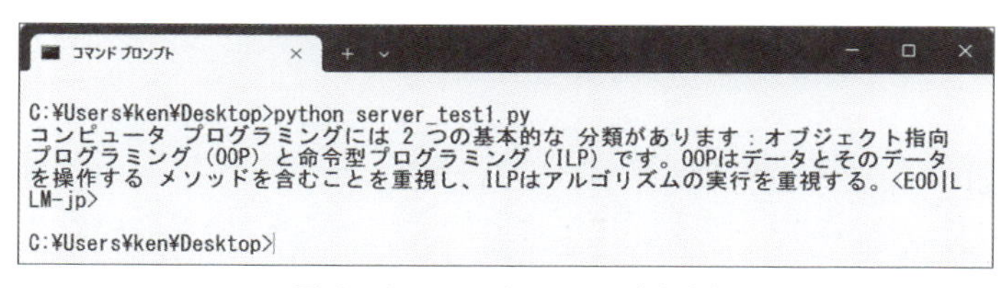

図 2.13　リスト 2.1 の実行例

ところで、LLM の返答は毎回異なります。けれども、「temperature」というパラメータを「0」に設定すると、毎回ほぼ同じ返答になります。リスト 2.1 であれば、次のように 1 行追加して temperature の値を設定できます。

```
completion = client.chat.completions.create(
  temperature=0.0,    # 1 行追加
  model="Fugaku-LLM-13B-instruct-Q4_0.gguf",
```

このように temperature を「0」にすると、リスト 2.1 は毎回同じかほぼ同じ返答を表示します。temperature は、LLM の出力の“ばらつき”あるいは“多様性”を決めるパラメータです。「0」に近いほどばらつかず、毎回同じような返答を出力します。一方、大きな値にすると毎回異なる多様な返答を出力するようになります。なお、temperature は「0.7」がバランスの取れた値とされているようです。

別のパソコンからもアクセスできるように設定する

LLM サーバーが動くパソコンと同じ LAN 内にあるパソコンからも、LLM サーバーを利用できます。まず、Jan の「Stop Server」ボタンをクリックして LLM サーバーを停止し、「Server Options」の IP アドレスの項目を「127.0.0.1」から「0.0.0.0」に変更します。その後、再度、「Start Server」ボタンをクリッ

クしてLLMサーバーを起動します。次に、リスト2.1のOpenAI関数の引数base_urlに与えている文字列を次のように変更します。

```
"http://127.0.0.1:1337/v1"
  ↓変更
"http://<LLMサーバーのIPアドレス>:1337/v1"
```

<LLMサーバーのIPアドレス>の部分は「192.168.X.X」といった、JanのLLMサーバーが動くパソコンに割り当てられているIPアドレスを指定します。この修正したリスト2.1を同じLAN内にあるパソコン（Pythonの実行環境とOpenAIライブラリのインストールが必要です）で実行すると、LLMからの返答が得られます（**図2.14**）。

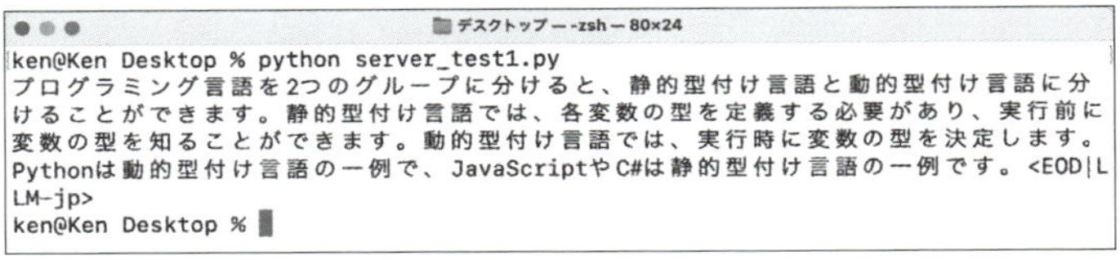

```
デスクトップ — -zsh — 80×24
ken@Ken Desktop % python server_test1.py
プログラミング言語を2つのグループに分けると、静的型付け言語と動的型付け言語に分
けることができます。静的型付け言語では、各変数の型を定義する必要があり、実行前に
変数の型を知ることができます。動的型付け言語では、実行時に変数の型を決定します。
Pythonは動的型付け言語の一例で、JavaScriptやC#は静的型付け言語の一例です。<EOD|L
LM-jp>
ken@Ken Desktop %
```

図2.14　LAN内のパソコン（ここではMac）でリスト2.1を実行した画面

2.5 チャットAIのWebサイトを構築

Fugaku-LLMとJanのLLMサーバー、そしてPythonのオープンソースのWeb UIライブラリである「Chainlit」を使って、第1章の図1.2のようなチャットAIのWebサイトを構築してみましょう。

Chainlitをインストールするには、米Microsoftの統合開発環境「Visual Studio」が必要になります。あらかじめインストールしておきましょう。次のURLにアクセスしてインストーラーをダウンロードしてください。

```
https://visualstudio.microsoft.com/
```

ダウンロードが完了したらインストーラーを起動し、表示される画面にある「続ける」をクリックします（**図 2.15**）。

図 2.15　「Visual Studio」のインストーラーの画面

ダウンロードするパッケージの種類を選択する画面に切り替わるので、「C++によるデスクトップ開発」にチェックを入れて、「インストール」ボタンをクリックします（**図 2.16**）。これでインストールが始まります。

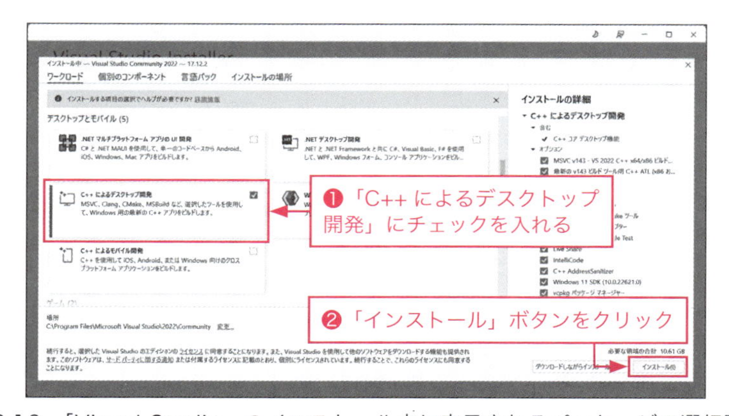

図 2.16　「Visual Studio」のインストール中に表示されるパッケージの選択画面

しばらく待つと「インストールが完了しました」というメッセージが表示されます。いったんパソコンを再起動しておきましょう。

続いて、Chainlit を次のコマンドでインストールします。

```
pip install chainlit
```

なお、本来であれば上記のコマンドで問題なくインストールできます。けれども、2024年11月末時点ではインストールできず、「pip install pydantic==2.10.1 chainlit」と実行する必要がありました。

次に、**リスト2.2**のプログラムを記述して、「server_test2.py」のファイル名で保存します。

リスト2.2 「server_test2.py」の内容

```
from openai import AsyncOpenAI
import chainlit as cl

client = AsyncOpenAI(base_url="http://127.0.0.1:1337/v1", api_key="d
ummy")

@cl.on_message
async def on_message(input):
  completion = await client.chat.completions.create(
    model="Fugaku-LLM-13B-instruct-Q4_0.gguf",
    messages=[
      {"role": "system",
       "content": "あなたは親切なアシスタントです。"},
      {"role": "user",
       "content": input.content}])

  await cl.Message(content=completion.choices[0].message.content).se
nd()
```

その後、次のコマンドで実行しましょう。

```
chainlit run server_test2.py
```

たったこれだけの作業で、チャットAIのWebサイトが動きます。通常はWebブラウザーが自動で起動しますが、起動しないときは次のURLにアクセスすると、**図2.17**のようなチャットAIの画面が現れます。

```
http://localhost:8000/
```

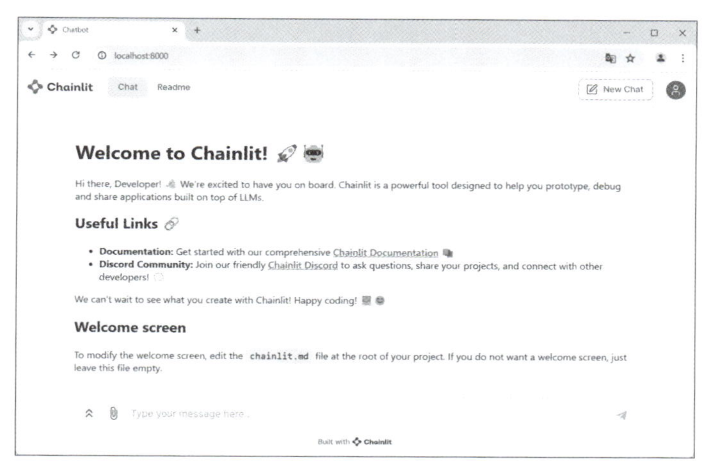

図 2.17　作成したチャット AI の画面

LLM サーバーや server_test2.py が動くパソコンと同じ LAN 内にあるパソコンやスマートフォンからは、次の URL でアクセスできます。

```
http://<LLM サーバーや server_test2.py が動くパソコンの IP アドレス>:8000/
```

画面下の「Type your message here...」に質問文を記述しましょう。ここでは「プログラミングの楽しいところと難しいところを一つずつ示してください。」と入力します。しばらくすると**図 2.18** のように返答が表示されます。

図 2.18　作成したチャット AI で実際にチャットを試している画面

返答が少しずつ表示されるようにプログラムを修正

ただし、誌面ではわかりませんが、リスト 2.2 のプログラムは、ChatGPT のように返答を少しずつ（1 トークンずつ）表示する動きにはなりません。また、会話の履歴を反映したやり取りができません。試しに図 2.18 の質問と返答に続けて、「楽しいところをもっと教えてください。」と質問すると、**図 2.19** のように、プログラミングとは全く無関係の内容が返ってきました。つまり、ひと続きの会話になっていないということです。

図 2.19　続けて質問したときの画面

最初の質問と返答の内容を受けて「プログラミングの楽しいところ」を教えてほしかったのだが、返答はプログラミングと全く関係のない内容になってしまった。

この問題を解決するために、Chainlitの「Streaming」（ストリーミング）と「User Session」（ユーザーセッション）の機能を使います。Streamingの機能で返答を少しずつ表示し、User Sessionの機能で会話の履歴を保持します。

リスト2.3の「server_test3.py」は、これらの機能を使って修正したプログラムです。プログラムの簡単な解説をコメントで記述しておきました。

リスト2.3 「server_test3.py」の内容
Streaming機能とUser Session機能を利用してリスト2.2を改良した。

```
from openai import AsyncOpenAI
import chainlit as cl

client = AsyncOpenAI(base_url="http://127.0.0.1:1337/v1", api_key="d
ummy")

@cl.on_chat_start   # チャット開始時に実行される関数
def start_chat():
  # ユーザーセッションの変数"history"を設定する
  cl.user_session.set("history",
    [{"role": "system",   # "history"の初期値
      "content": "あなたは親切なアシスタントです。"}])

@cl.on_message   # ユーザーが質問文を送信したときに実行される関数
async def main(input):   # ユーザーの質問文は引数inputに格納される
  message = cl.Message(content="")   # メッセージを作成
  await message.send()               # メッセージを送信

  # ユーザーセッションの変数"history"を取得
  history = cl.user_session.get("history")
  # "history"にユーザーの質問文を追加
  history.append({"role": "user", "content": input.content})

  # LLMに変数"history"の内容を送る
  stream = await client.chat.completions.create(
    model="Fugaku-LLM-13B-instruct-Q4_0.gguf",
    messages=history,
    stream=True)   # ストリーミングをオンにする

  # LLMの返答を1トークンずつ表示
  async for part in stream:
```

```
    token = part.choices[0].delta.content
    if token != "":
      await message.stream_token(token)

  # "history" に LLM の返答を追加
  history.append({"role": "assistant", "content": message.content})
  await message.update()
```

「chainlit run server_test3.py」のコマンドで実行すると、今度は返答が少しずつ表示され、**図 2.20** のように、会話の履歴を反映したやり取りができるようになりました。

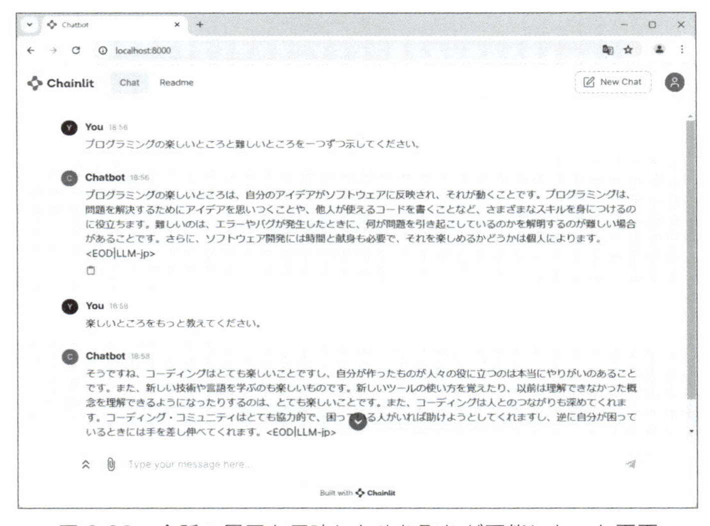

図 2.20　会話の履歴を反映したやり取りが可能になった画面

ローカルLLMを一番手軽に試せるのは、ローカルLLMのスマートフォンのアプリでしょう。iOSやAndroidで動作するローカルLLMのアプリがいくつも登場しています。例えば「PocketPal」（無料）や「Private LLM」（価格は1500円）、「LLM Farm」（無料）などがあります。いずれもPlayストアやApp Storeから入手できます。

これらのアプリを使うと、いろいろなLLMをダウンロードして（**図A**）、チャットを行うことができます（**図B**）。

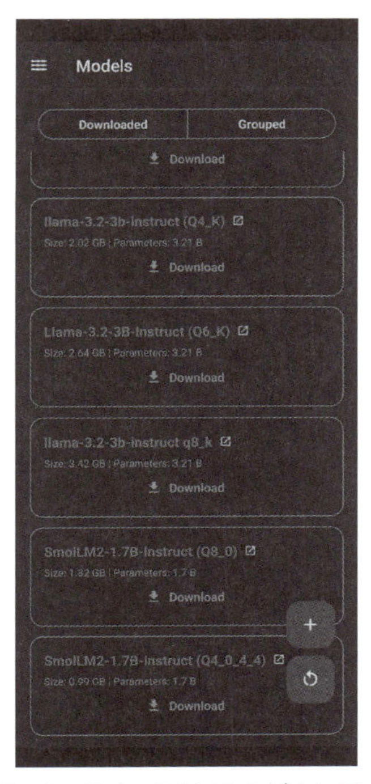

図A　「PocketPal」のLLMのダウンロード画面

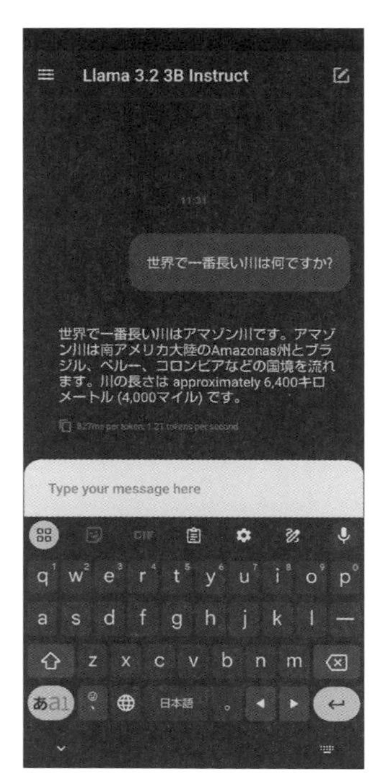

図B 「PocketPal」のチャット画面

第3章

ローカルLLMを活用できるコマンドラインツール「Ollama」

林 祐太　著

■株式会社Determinant　代表取締役

■東京大学　松尾・岩澤研究室主催
2024年度大規模言語モデル講座　講師

■LLM-jp
安全性検討ワーキンググループメンバー
Jailbreakデータセット収集プロジェクト
AILBREAK開発リーダー

3.1 Ollamaの概要

第3章では、LLMプラットフォームのソフトウエアとして「Ollama」を利用して、ローカルLLMを動かしてみましょう。

Ollamaは、第2章で紹介した「Jan」と同じくローカル環境でLLMを実行するためのオープンソースソフトウエアの一つです。ローカル環境で実行できるため、データが外部に送信されないことはもちろん、インターネット接続のないオフライン環境で動かすことも可能です。ただし、モデルをローカルにダウンロードするためにはインターネット環境が必要です。この点は注意してください。

Ollamaは、大規模言語モデルの推論を高速に実行するためのオープンソースライブラリである「llama.cpp」を実行基盤としています。このため、llama.cppで実行できるGGUF形式のファイルをサポートしています。一般的なLLMの形式である「.safetensors」や「.pth」などのモデルファイル形式には対応していません。

標準のOllamaライブラリが用意されており、話題になったモデルは公式としてサポートされ、すぐに使い始めることができます。例えば米Metaの「Llama 3.2」はもちろん、仏Mistral AIの「Mistral」や米Googleの「Gemma」、画像入力にも対応した「Llama 3.2 Vision」、コード生成に特化して学習された「Code Llama」や「OpenCoder」、RAG（Retrieval-Augmented Generation、検索拡張生成）などに利用できる文埋め込みモデルなどがあります。モデルのパラメータ数は小さいもので数億、大きいもので4050億までと幅広く、自分のパソコンの処理性能に応じた選択が可能となっています。

Windows、macOS、Linuxのいずれでも動作します。LLMの処理性能を大きく左右するハードウエアアクセラレーションについても、米NVIDIAと米AMDのGPUのほか、最近のMacで採用されているAppleシリコンにも対応しています。Ollamaのインストーラーは、これらパソコンのハードウエアアクセラレーションを自動で判別し、そのパソコンでローカルLLMが最も快適に動作するように自動で最適化してくれます。

開発者向けの機能としては、OpenAI API互換のAPIリクエスト形式に対応していることがあります。これにより、既存のOpenAI APIを用いたプロダクトやツールなどの実装を大きく変えることなく、ローカルLLMを試すことが可能です。また、Python、JavaScriptといった利用頻度の高いプログラミング言語用のクライアントライブラリや、「LangChain」などのAIフレームワーク、仮想化基盤の「Docker」にも対応しています。

3.2 Ollamaのインストール

早速Ollamaをインストールして動かしてみましょう。

Windows、macOS、LinuxのいずれのOSにも対応しているので、自分のパソコンのOSに応じたインストーラーをダウンロードして、インストールすることになります。2024年11月末時点では、Windows 10以降あるいはmacOS 11 Big Sur以降のOSに対応しています。

インストーラーは、公式サイトのダウンロードページから入手できます。次のリンクにアクセスしてください。

```
https://ollama.com/download
```

アクセスしたパソコンのOSに応じて、Windowsであれば「Download for Windows」、macOSであれば「Download for macOS」というダウンロードボタンが表示されます（**図3.1**）。もしOS別のダウンロードボタンが表示されない場合は、ダウンロードしたいOSのアイコンをクリックすれば、そのOSのダウンロードボタンに切り替わります。

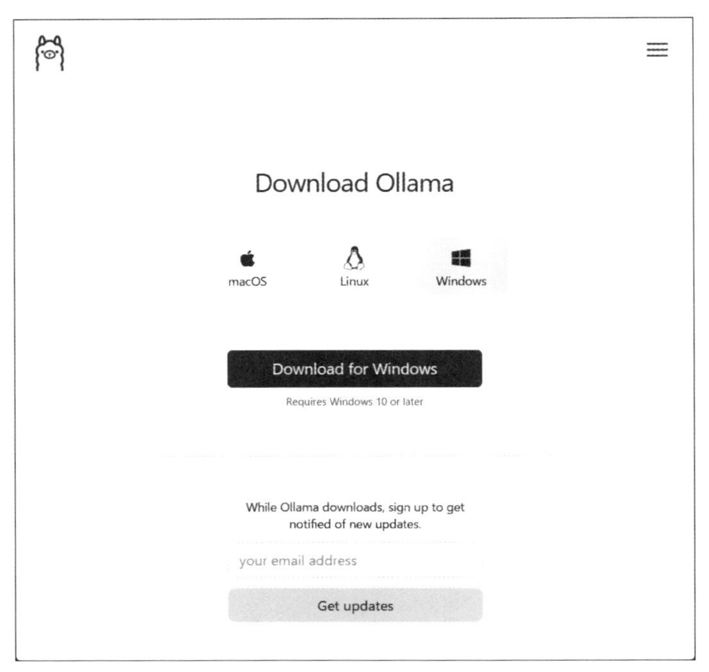

図 3.1　Windows のパソコンでアクセスしたときの「Ollama」のダウンロードページ

表示されたダウンロードボタンをクリックして、インストーラーをダウンロードしてください。

ここからは、Windows と macOS について個別にインストール手順を紹介します。

Windowsの場合

Ollama の公式サイトのダウンロードページにアクセスし、「Download for Windows」をクリックすると「OllamaSetup.exe」ファイルがダウンロードされます。ここでは**図 3.2** のように「ダウンロード」フォルダーにダウンロードされたものとして解説します。

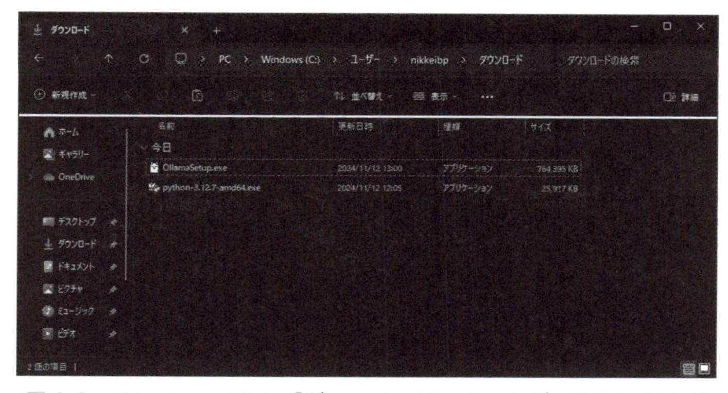

図 3.2　Windows 11 の「ダウンロード」フォルダーを開いた画面

「OllamaSetup.exe」ファイルは実行形式のインストーラーになっています。ダブルクリックして起動してください。インストーラーが起動したら「Install」ボタンをクリックしてください（**図 3.3**）。

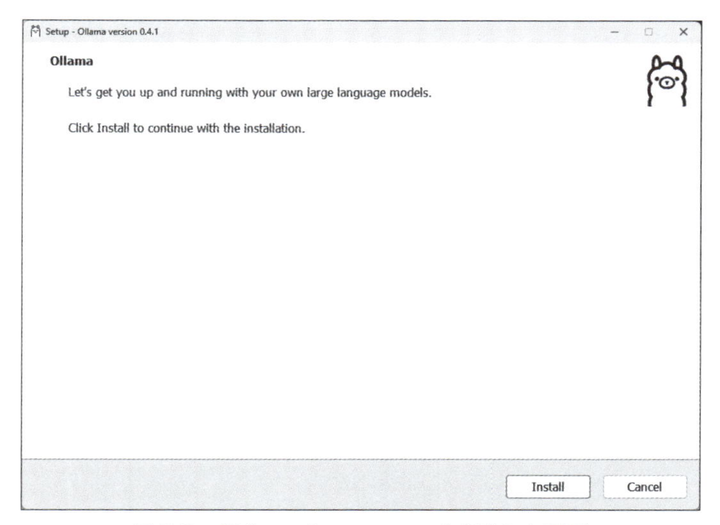

図 3.3　「OllamaSetup.exe」を起動した画面

インストールが完了するまで数分かかることもあります。完了しても特にポップアップなどは表示されません。［Windows］キーを押してメニューを開き、一覧にOllamaのアイコンが追加されていればインストールが完了しています（**図3.4**）。見つからなければ「ollama」で検索するか、「すべてのアプリ」をクリックして表示されるアプリケーションの一覧から探してください。

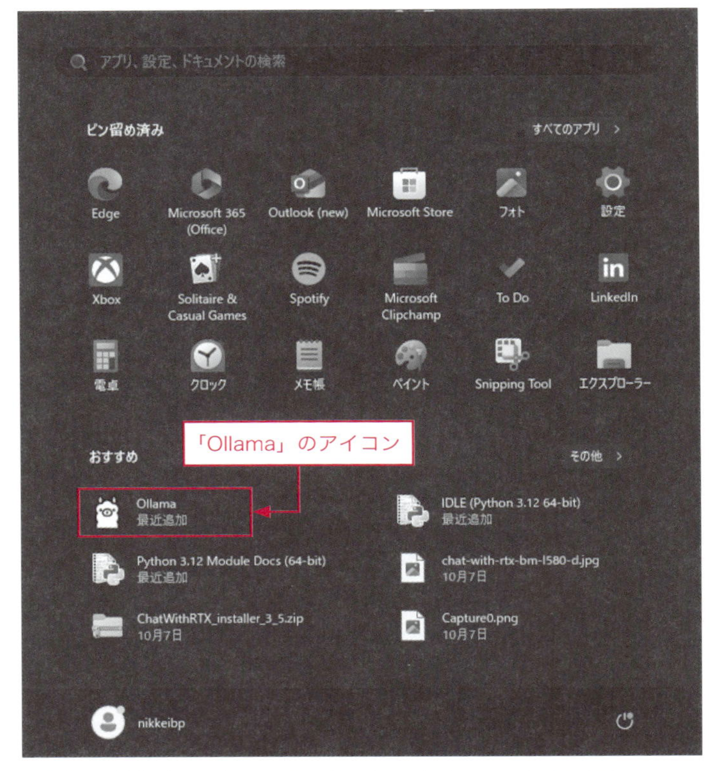

図3.4　Windows 11の「スタート」メニューの画面に追加された「Ollama」のアイコン

見つかったアイコンをクリックしてOllamaを起動しましょう。Ollamaはコマンドラインツールなので、新たなウィンドウが開いたり、ポップアップなどが表示されたりはしません。正常に起動できていればシステムトレイにOllama

のアイコンが常駐するので、それで起動しているかどうかを確認してください。

Ollamaが起動できたら、コマンドが使えることを確認しましょう。コマンドラインツールの「コマンド プロンプト」を起動し、次のコマンドを実行してください。

```
ollama --version
```


実行後、**図3.5**のようにOllamaのバージョンが表示されれば正常に動作できています。

```
コマンド プロンプト
Microsoft Windows [Version 10.0.26100.2454]
(c) Microsoft Corporation. All rights reserved.

C:\Users\nikkeibp>ollama --version
ollama version is 0.4.5

C:\Users\nikkeibp>
```

図3.5　Windows 11の「コマンド プロンプト」でOllamaのバージョンを表示させた画面

Windowsへの Ollamaのインストールは以上です。Ollamaの使い方は、次の3.3節で解説しています。

macOSの場合

Ollamaの公式サイトのダウンロードページにアクセスし、「Download for macOS」をクリックすると、「Ollama.app」ファイルがダウンロードされます。ここでは「ダウンロード」フォルダーにダウンロードされたものとします（**図3.6**）。「ダウンロード」フォルダーを開き、左のサイドバーにある「アプリケーション」フォルダーに、Ollama.appファイルをドラッグ&ドロップしてください。これでOllamaのインストールは完了です。

図 3.6　macOS の「ダウンロード」フォルダーを開いた画面

「アプリケーション」フォルダーにある「Ollama.app」ファイルをダブルクリックすると、Ollama が起動します。Ollama はコマンドラインツールなので、起動しても新しいウィンドウが開くといったことはありません。起動後は macOS のメニューバーに Ollama のアイコンが常駐するので、これで起動したことが確認できます。

起動したら、動作を確認しましょう。コマンドラインツールの「ターミナル」(ファイル名は「Terminal.app」) を起動して、次のコマンドを実行してください。

```
ollama --version
```

実行後、**図 3.7** に示したように Ollama のバージョンが表示されれば、正常に動作できています。

```
~
> ollama --version
ollama version is 0.3.14

~
> ▌
```

図 3.7　macOS の「ターミナル」で Ollama のバージョンを表示させた画面

なお、macOSではパッケージ管理マネージャーの「Homebrew」を使ったインストールも可能です。次のように実行するとOllamaのパッケージをインストールできます。

```
brew install --cask ollama
```

Homebrewを使ってインストールした場合、次の4行のコマンドを実行すると最新版にアップデートできます。最後の4行めのコマンドは、先ほどの解説でインストール直後に実行したバージョンを確認するためのコマンドです。これで、正常に最新版にアップグレードできたことを確認しています。

```
brew upgrade --cask ollama
pkill ollama
open -a Ollama
ollama --version
```

Ollamaのインストールは以上となります。続いてインストールしたOllamaの使い方を見ていきましょう。

3.3 Ollamaの使い方

Ollamaの基本的な使い方としては、まずは「ollama pull」コマンドでモデル（LLMのファイル）をダウンロードし、次にダウンロードしたモデルを指定して「ollama run」コマンドを実行することで動作させます。「ollama pull」コマンドは、ダウンロード済みのモデルをアップデートするときにも利用します。

では具体的な使い方を見ていきましょう。ここでは米Metaが開発した最新版のLLMである「Llama 3.2」を利用することにします。パラメータ数の違いでいくつかのバリエーションがありますが、ここでは、小規模で軽量な「3B」を動かしてみましょう。必要な仮想メモリーとしては4GB程度です。

なお、Ollamaの使い方はコマンドラインでの操作が中心となりますが、本書で紹介するOllamaのコマンドは、Windows、macOS、Linuxのいずれでも共通して利用できます。ここでは、macOS での実行例を示しながら解説しています。

LLMをダウンロードして動かすまでの手順

最初に Llama 3.2 のモデルをダウンロードします。Llama 3.2 3B のファイルサイズは 2GB 程度なので、事前に空き容量があることを確認しておいてください。確認できたら、次のコマンドを実行してダウンロードします。

```
ollama pull llama3.2
```

インターネットの接続環境にもよりますが、数分ほどでダウンロードできるでしょう。筆者の環境では 1 分 51 秒で完了しました（**図 3.8**）。

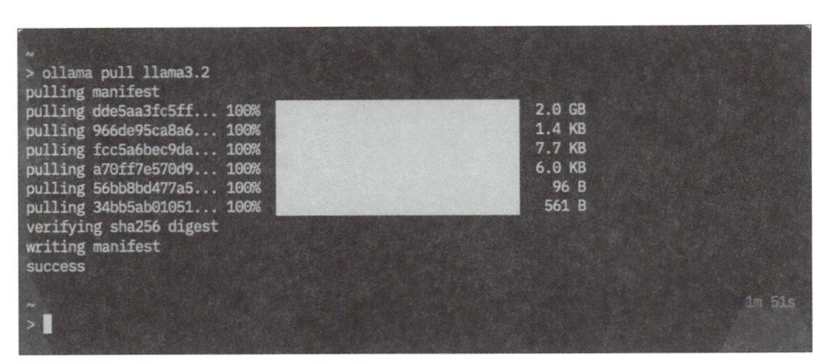

図 3.8 「Llama 3.2」のダウンロードを実行した画面

ダウンロードが完了したら実際に動かしてみましょう。次のコマンドを実行します。

```
ollama run llama3.2
```

初回の実行時のみモデルをロードする（読み込む）処理が入るため、数秒ほどの待ち時間が発生します。待ち時間（ロード時間）は、モデルのパラメータ数が大きくなるほど長くなります。大きなパラメータ数のモデルを使うときは注意してください。

正常にモデルのロードが完了すると、**図 3.9** のように「>>> 」の位置で文字入力を待ち受ける状態になります。

```
~
> ollama run llama3.2
>>> Send a message (/? for help)
```

図 3.9　入力の待ち受け状態の画面

適当に思いついた文章を入力してみましょう（**図 3.10**）。入力は日本語で問題ありません。

```
~
> ollama run llama3.2
>>> こんにちは。
こんにちは！どういたして私に会いただきありがとうございます。どうして私はあなたのための情
報を提供することになりましたか？

>>> Send a message (/? for help)
```

図 3.10　「こんにちは。」と入力して［Enter］キーを押したときの画面

日本語で入力すると、日本語で返答されます。返ってきた日本語は少し不自然に感じられるかもしれませんが、実は Llama 3.2 3B の対応言語に日本語は含まれていません。公式に発表されている対応言語は、英語、ドイツ語、フランス語、イタリア語、ポルトガル語、ヒンディー語、スペイン語の 7 カ国語です。このように、日本語が不自然なのは、正式には日本語に未対応であることが影響しているのでしょう。

別のモデルに切り替えるといった操作も可能

「ollama run」を実行中の画面では、会話の入力だけでなく様々な操作コマンドも入力できます。どういった操作コマンドを入力できるのかは、**図 3.11** のように「/?」と入力して［Enter］キーを押すと一覧表示されます。

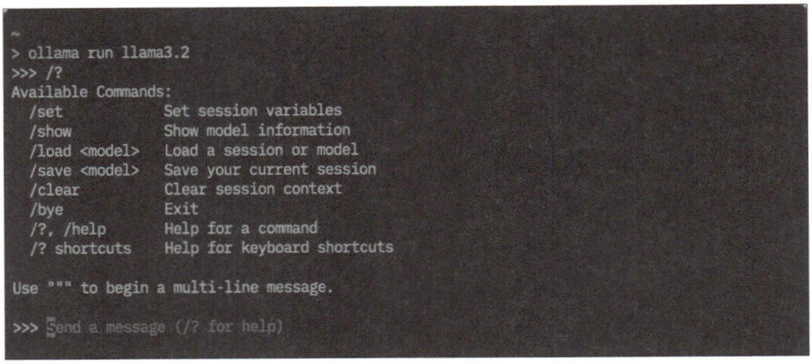

```
~
> ollama run llama3.2
>>> /?
Available Commands:
  /set            Set session variables
  /show           Show model information
  /load <model>   Load a session or model
  /save <model>   Save your current session
  /clear          Clear session context
  /bye            Exit
  /?, /help       Help for a command
  /? shortcuts    Help for keyboard shortcuts

Use """ to begin a multi-line message.

>>> Send a message (/? for help)
```

図 3.11 「ollama run」を実行中に「/?」と入力して［Enter］キーを押すと表示される画面

表示される操作コマンドの一覧を次の**表 3.1** にまとめました。

コマンド	説明
/set	モデルの実行パラメータを指定する。たとえば「/set parameter num_ctx 4096」と指定するとコンテクストウインドウが4096トークンに指定される。他に「temperature」「seed」「repeat_penalty」などが指定できる
/show	モデルの情報を表示する。たとえば「/show info」とすると、いまロードしているモデルのアーキテクチャやパラメータ数などが表示される
/load <model>	いまロードしているモデル以外のモデルをロードあるいはセッションを上書きしてロードする。例えば「Llama 3.2」をロード中に「Qwen 2.5」をロードするといったことが可能。ロードするモデルは事前にダウンロードしておく
/save <model>	現在のセッションを「/save <model>」として保存しておいて、後から「/load <model>」で呼び出すことができる
/clear	セッションをクリアする
/bye	「ollama run」を終了する。[Ctrl]キーを押しながら[D]キーを押す操作と同じ
/?または/help	ヘルプを表示する
/? shortcut	キーボードショートカットを表示する

表 3.1 「ollama run」実行中に利用できる主な操作コマンド

例えば「/bye」と入力して［Enter］キーを押すと、現在実行中の「ollama run」コマンドを終了できます。この操作は［Ctrl］キーを押しながら［D］キーを押しても同じです。

ほかにも、「/load <model>」と入力すると、現在起動しているモデルを別のモデルに切り替えられます。「<model>」の部分を切り替え先のモデルの名前と置き換えて実行します。

ただし、切り替え先となるモデルは「ollama pull」コマンドであらかじめダウンロードしておく必要があります。Ollamaで利用可能なモデルは、公式サイトのOllamaライブラリのページ（**図3.12**、https://ollama.com/library）で探せます。いろいろなモデルを試して、会話の違いを感じてみると面白いでしょう。

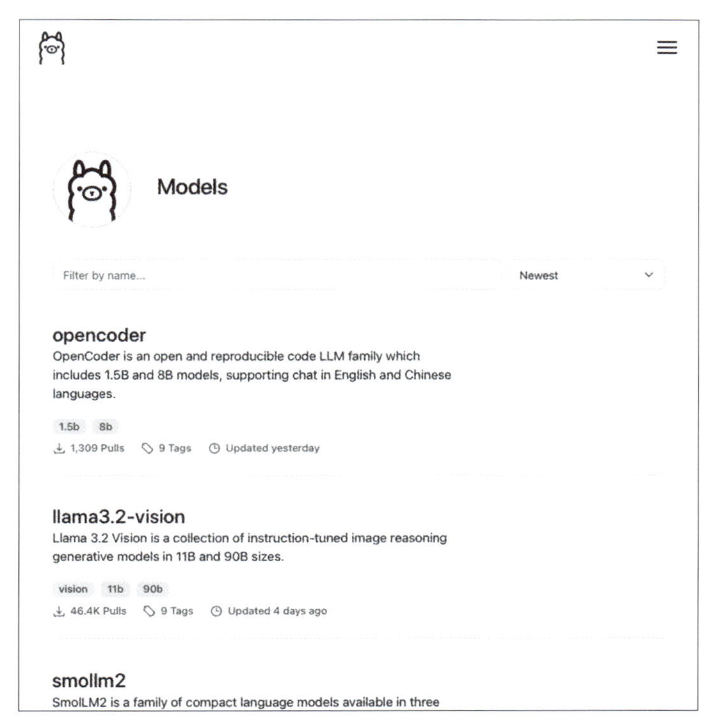

図3.12　公式サイトのモデルライブラリのページ（https://ollama.com/library）

基本的な操作以外を実行するコマンド

ここまで、Ollamaの基本的な使い方として、モデルをダウンロードする「ollama pull」コマンドと、ダウンロードしたモデルをロード、実行する「ollama run」コマンドを紹介してきました。この二つ以外にも、Ollamaにはさまざまなコマンドが用意されています。次のように実行すると、利用可能なコマンドを一覧表示できます（**図3.13**）。

```
ollama --help
```

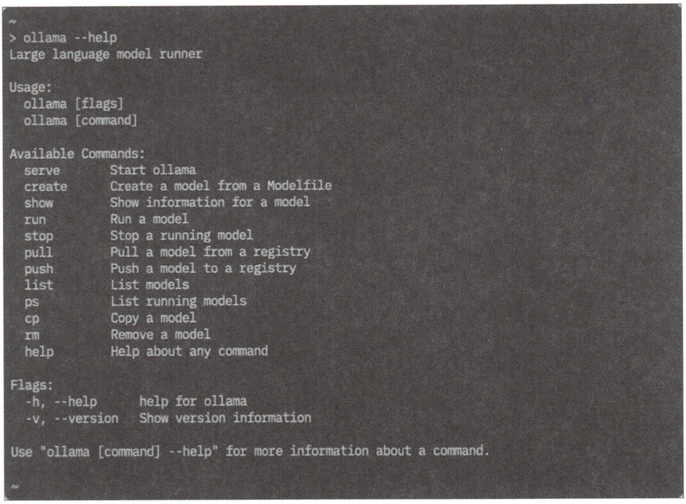

```
~
> ollama --help
Large language model runner

Usage:
  ollama [flags]
  ollama [command]

Available Commands:
  serve       Start ollama
  create      Create a model from a Modelfile
  show        Show information for a model
  run         Run a model
  stop        Stop a running model
  pull        Pull a model from a registry
  push        Push a model to a registry
  list        List models
  ps          List running models
  cp          Copy a model
  rm          Remove a model
  help        Help about any command

Flags:
  -h, --help      help for ollama
  -v, --version   Show version information

Use "ollama [command] --help" for more information about a command.

~
```

図3.13 「ollama --help」と実行すると表示される画面

表示されたコマンドの一覧を、次の**表3.2**にまとめました。

コマンド	説明
ollama --help	Ollamaで利用できるコマンドを表示する
ollama -h	
ollama help	
ollama --version	Ollamaのバージョンを表示する
ollama -v	
ollama serve	Ollamaを起動する。既に起動している場合は「Error: listen tcp 127.0.0.1:11434: bind: address already in use」とエラー表示される
ollama create	利用したいモデルのModelfileからOllama用のModelfileを作成する。Modelfileとはモデルの設定ファイルのようなもの
ollama show	モデルの情報を表示する
ollama run	モデルを実行する
ollama stop	実行中のモデルを停止する
ollama pull	Ollamaレジストリからモデルをダウンロードする。OllamaレジストリとはOllamaのモデルを一元管理するサーバーのようなもの
ollama push	Ollamaレジストリにモデルをプッシュする
ollama list	既にダウンロードしたモデルを一覧表示する
ollama ps	実行中のモデルを一覧表示する
ollama cp	モデルをコピーする
ollama rm	既にダウンロードしたモデルを削除する

表 3.2　Ollama の主なコマンド

Ollama の基本的な使い方は以上です。ここからは、より発展的な Ollama の使い方を深掘りします。

Ollama ライブラリの Llama 3.2 3B のモデルのファイルサイズは 2.0GB です。けれども、「Llama 3.2 3B」のモデルは AI 関連の様々なモデルを共有・公開できるサイト「Hugging Face」でも公開されていて、同サイトで公開されている Llama 3.2 3B のモデルのファイルサイズは 6.43GB です。なぜ Ollama ライブラリの方が 3 分の 1 以下のファイルサイズで済んでいるのでしょうか。一言で説明すると、Ollama ライブラリの方では「Q4_K_M」という量子化したモデルを使っているからです。この確認方法を実際に追ってみましょう。

まずは次の URL にアクセスしてください。Ollama ライブラリにある Llama 3.2 の詳細ページが開きます（**図 A**）。

```
https://ollama.com/library/llama3.2/tags
```

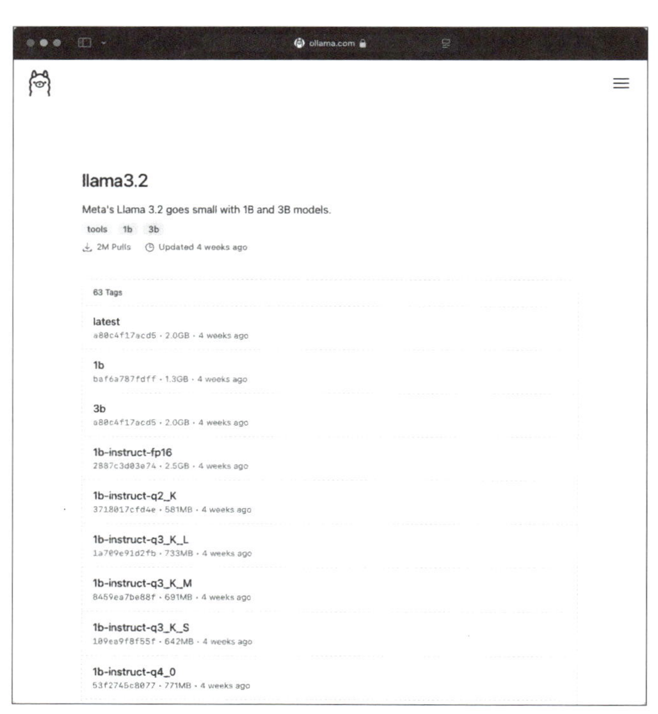

図 A　Ollama ライブラリの「Llama 3.2」の詳細ページ

Llama 3.2では「1B」のモデルと「3B」のモデルが用意されています。一覧でずらっと表示されている「latest」「1b」「3b」などを「モデルタグ」といい、2024年11月末時点で合計63個あります（**図B**）。タグ名の下に「識別用ID」が記載されています。

図B　Ollamaライブラリの情報の読み方

「3b」とタグ付けされたモデルの識別用IDは「a80c4f17acd5」です。Webブラウザーの検索機能を使い、「a80c4f17acd5」と同じ識別用IDを持つタグを探してみましょう。2024年11月末時点では、同じ識別用IDを持つタグが3個見つかりました。1個は「3b」ですが、もう1個は「latest」、さらに3個めが「3b-instruct-q4_K_M」です（**図C**）。実は3個めの「3b-instruct-q4_K_M」のタグの付いたモデルが、「3b」のタグの付いたモデルの実態です。

図C　見つかった「Llama 3.2」の「3b」と同じ識別用IDを持つモデル

ここでは詳細な解説を省きますが、「3b-instruct-q4_K_M」のモデルは「量子化」と呼ぶ手法を用いることで、ファイルサイズを小さくしているのです。これがOllamaライブラリでは「Llama 3.2」のデフォルトに指定されているため、「Hugging Face」で公開されている「Llama 3.2」よりもファイルサイズが小さいというわけです。

量子化は、推論に必要なメモリー容量を下げられるという利点がある一方で、モデルの性能劣化を引き起こします。「3b-instruct-q4_K_M」のモデルは「Q4_K_M」という量子化の手法を用いていますが、この「Q4_K_M」という手法が、性能劣化をある程度にまで抑えられる、ちょうど良い塩梅の精度を実現できるということで、Ollamaライブラリではデフォルト（「latest」のタグが付いたモデル）に指定されているようです。

3.4 Ollamaを深く知ろう

Ollamaの発展的な使い方として、次の二つを紹介します。

(1) Ollamaのローカルサーバーにリクエストを送信する
(2) PythonのプログラムからOllamaを実行する

ここからはPythonの実行環境も使います。標準的なPythonの実行環境は、Pythonの公式サイト（https://www.python.org/）から入手できるインストーラーでパソコンに導入できます。その際、必ずパスを設定するように選択してください（**図3.14**）。選択後、「Install Now」をクリックします。

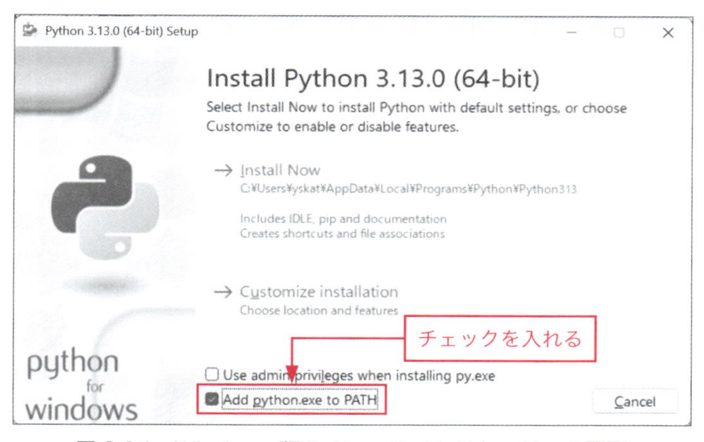

図3.14　Windows版Pythonのインストーラーの画面

(1) Ollamaのローカルサーバーにリクエストを送信する

Ollamaが起動している間は、Ollamaのローカルサーバー(第2章で紹介した「Jan」の「LLMサーバー」と同じ）が立ち上がってます。次のように「ollama serve」コマンドを実行すると確認できます。

```
ollama serve
```

ローカルサーバーが起動していれば、**図 3.15** のように実行結果が表示されます。

```
~
> ollama serve
Error: listen tcp 127.0.0.1:11434: bind: address already in use

~
>
```

図 3.15　Ollama のローカルサーバーが起動したことを確認している画面

Ollama のローカルサーバーのデフォルトポート番号は「11434」です。このポート番号に対してリクエストを送信してみましょう。それには「cURL」コマンドを使います。cURL は、サーバーへの HTTP リクエストを送信するコマンドです。次のように実行してみてください。

```
curl http://localhost:11434/api/generate -d '{"model": "llama3.2", ↵
"prompt": " こんにちは "}'
```

図 3.16 のような実行結果が表示されます。大量の文字が分割して出力されました。一つひとつの文字をつないでみると、どうやら起動中のモデルの返答文のようです。

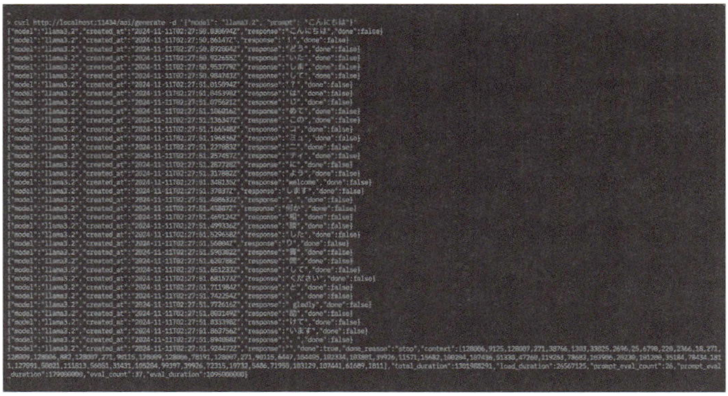

図 3.16　「cURL」コマンドで Ollama のローカルサーバーにリクエストを送信したときの画面

表示された実行結果を見てわかるとおり、Ollamaのレスポンスはデフォルトでストリーム出力となっています。ストリームとは、LLMにおいて生成した文字を1文字ずつ順番に出力することを指します（正確には文字単位ではなく「トークン」単位です）。そこで、ストリーム出力をオフにしてもう一度試してみましょう。次のようにcURLコマンドを実行します。

```
curl http://localhost:11434/api/generate -d '{"model": "llama3.2", ↗
"prompt": "こんにちは", "stream": false}'
```

図3.17のような画面となり、レスポンスの中に返答が入っていることが確認できます。

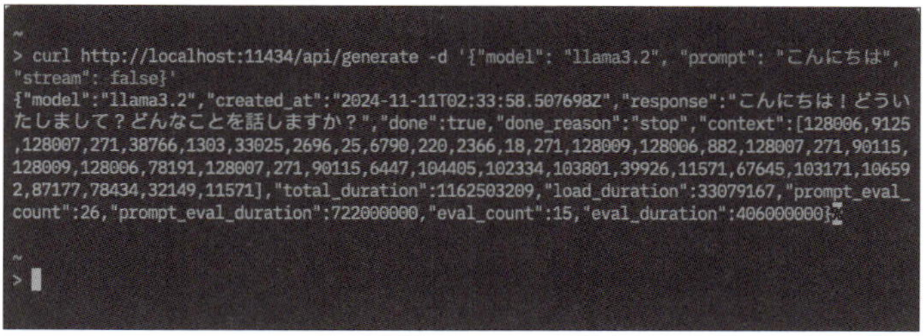

```
~
> curl http://localhost:11434/api/generate -d '{"model": "llama3.2", "prompt": "こんにちは",
"stream": false}'
{"model":"llama3.2","created_at":"2024-11-11T02:33:58.507698Z","response":"こんにちは！どうい
たしまして？どんなことを話しますか？","done":true,"done_reason":"stop","context":[128006,9125
,128007,271,38766,1303,33025,2696,25,6790,220,2366,18,271,128009,128006,882,128007,271,90115,
128009,128006,78191,128007,271,90115,6447,104405,102334,103801,39926,11571,67645,103171,10659
2,87177,78434,32149,11571],"total_duration":1162503209,"load_duration":33079167,"prompt_eval_
count":26,"prompt_eval_duration":722000000,"eval_count":15,"eval_duration":406000000}%

~
> 
```

図3.17　ストリーム出力をオフにした時の実行結果

Ollama APIとして、cURLコマンドで指定した「http://localhost:11434/api/generate」の他に、「http://localhost:11434/api/chat」という会話履歴を保持できるチャット形式のエンドポイントも用意されています。

(2)PythonのプログラムからOllamaを実行する

Ollamaには「Ollama Python Library」という公式のPythonライブラリが用意されています。これを使ってPythonからOllamaを実行してみましょう。ここではPython標準の仮想環境ツール「venv」を使い、仮想環境の中で実行するようにします。まずは次の4行のコマンドを実行し、Pythonの仮想環境を構築してください。

```
mkdir playground-ollama-with-python
cd playground-ollama-with-python
python3 -m venv .venv
source .venv/bin/activate
```

次のようにpipコマンドを使って「ollama」パッケージをインストールします。このパッケージが、最初に紹介した「Ollama Python Library」というライブラリになります。

```
pip install ollama
```

これでPythonからOllamaを実行する準備が整いました。テキストエディタを開き、**リスト3.1**のPyhtonプログラムを記述します。記述できたら「ollama_with_python.py」というファイル名で保存してください。

リスト3.1 「ollama_with_python.py」の内容

```
from ollama import Client
import json

client = Client()
response = client.chat(
    model="llama3.2", messages=[{"role": "user", "content": "こんにち
は"}]
)

response = response.model_dump()
print(json.dumps(response, indent=2, ensure_ascii=False))
```

リスト3.1に示した「ollama_with_python.py」の内容について簡単に解説します。

1行めでollamaライブラリを、2行めで整形のためのjsonライブラリをインポートしています。4行めでOllama Clientを初期化します。「model=」で始まる行でモデル「Llama 3.2」を指定しています。指定しているモデルは、

「ollama list」コマンドで確認できるモデルになっていることを確認してください（モデル名に「latest」が付いている場合は省略しても構いません）。

同じ行の「messages」に「role」と「content」を指定します。roleには、「user」だけでなく「system」「assistant」「tool」を設定できます。一般的なプロンプトは「user」を設定してください。「system」はシステムプロンプトを設定するもので、会話の文脈や動作などを指定するために使われます。「assistant」は会話の履歴を保持する場合や、特定の応答パターンを定義するために使われます。「tool」は外部機能を呼び出すためのインタフェースです。ツールそのものを定義し、必要に応じて適切なツールを選択します。

最後に結果を出力していますが、このとき、インデントを指定して日本語が自動的にアスキーコードで出力されることを避けるようにしています。

では実行してみましょう。次のように実行します。

```
python ollama_with_python.py
```

図3.18のような画面が出力されれば成功です。

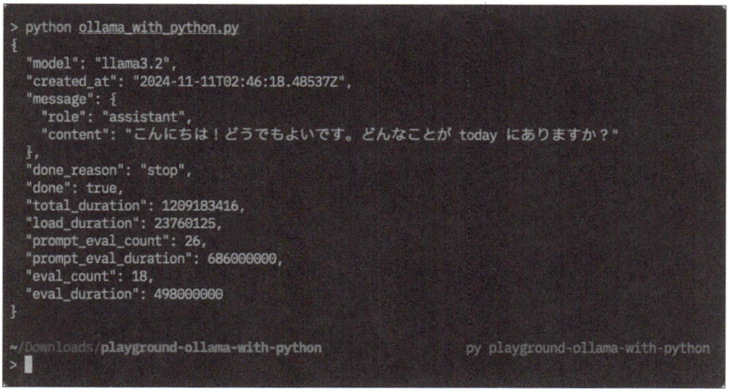

```
> python ollama_with_python.py
{
  "model": "llama3.2",
  "created_at": "2024-11-11T02:46:18.48537Z",
  "message": {
    "role": "assistant",
    "content": "こんにちは！どうでもよいです。どんなことが today にありますか？"
  },
  "done_reason": "stop",
  "done": true,
  "total_duration": 1209183416,
  "load_duration": 23760125,
  "prompt_eval_count": 26,
  "prompt_eval_duration": 686000000,
  "eval_count": 18,
  "eval_duration": 498000000
}

~/Downloads/playground-ollama-with-python                py playground-ollama-with-python
>
```

図3.18 「ollama_with_python.py」の実行結果

日本語の出力が少し無愛想ですが、問題なく出力が返ってくることを確認できました。

閑話休題

Ollamaのローカルサーバーのポート番号である「11434」は、「llama」の「Leet」であるという噂があります。「Leet」は「leetspeak」とも呼ばれたりしますが、類似の文字や読みの同じ文字を別の文字に置き換えることを指します。有名なものでは「for」や「to」を「4」や「2」で表現するなど、遊び心ゆえに行なわれたりします。

Ollamaにおいても、ポート番号の「11434」を、「Ollama」から冒頭の1文字「O」を取った残りの文字列「llAMA」に置き換えると、何となく似ているように感じられませんか？「1→l」「4→A」「3→M」（3を横に寝かしたもの）という対応のようです。

これは2024年11月末時点では公式発表ではありませんが、「11434」は他であまり使われることがないポート番号なので、もし忘れたときは「O」を省いた「llama」から思い出すことができるかもしれませんね。

第4章

ローカルLLMを活用（その1）画像の内容を説明

日経ソフトウエア　著

4.1 画像を読み込んで説明する

LLMの中には文章だけではなく、画像も解釈できるものがあります。いわゆる「マルチモーダル」に対応するLLMです。例えば、Hugging Faceの次のURLから入手できる「llava-llama-3-8b-v1_1-gguf」がそれに当たります。

```
https://huggingface.co/xtuner/llava-llama-3-8b-v1_1-gguf
```

ちなみに、llavaは「Large Language and Vision Assistant」の略です。

ここでは、第3章で紹介したLLMプラットフォームである「Ollama」と、上記で入手できるLLMの「llava-llama-3-8b-v1_1-gguf」を使って、**図4.1**の三つの画像を解釈させてみます。

image1.jpg

image2.jpg

image3.jpg

図4.1 今回利用した三つの画像

まず作業用の「image_test」フォルダーを作成して、その中に図4.1の三つの画像ファイルをコピーします。その後、先ほどのURLのWebページにある「Files」（または「Files and versions」）のタブを開き、次の三つのファイルをダウンロードして、image_testフォルダーに保存します。( ) 内はファイルのサイズです。

```
llava-llama-3-8b-v1_1-int4.gguf（4.92GB）
llava-llama-3-8b-v1_1-mmproj-f16.gguf（624MB）
OLLAMA_MODELFILE_INT4（497バイト）
```

拡張子が「.gguf」のファイルをダウンロードする方法は、まずファイル名のリンクをクリックして詳細ページを開きます（**図 4.2**）。

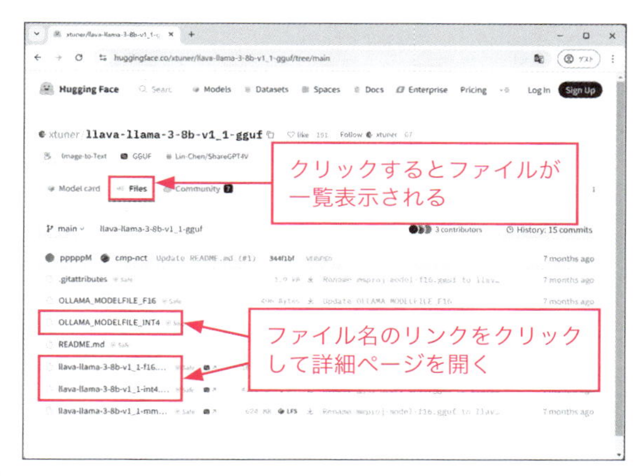

図 4.2　「Files」（または「Files and versions」）のタブを開いた Web ページ
ファイル名の部分がリンクになっているのでクリックする。

詳細ページが表示されたら、メニューの右端にある「download」をクリックします。これでダウンロードできます（**図 4.3**）。

図 4.3　クリックしたファイルの詳細ページ
メニューの左端にある「download」をクリックする。

三つめの「OLLAMA_MODELFILE_INT4」ファイルについては、ファイル名のリンクをクリックして詳細ページを開いたら、メニューの左端にある「raw」をクリックしてください（**図 4.4**）。

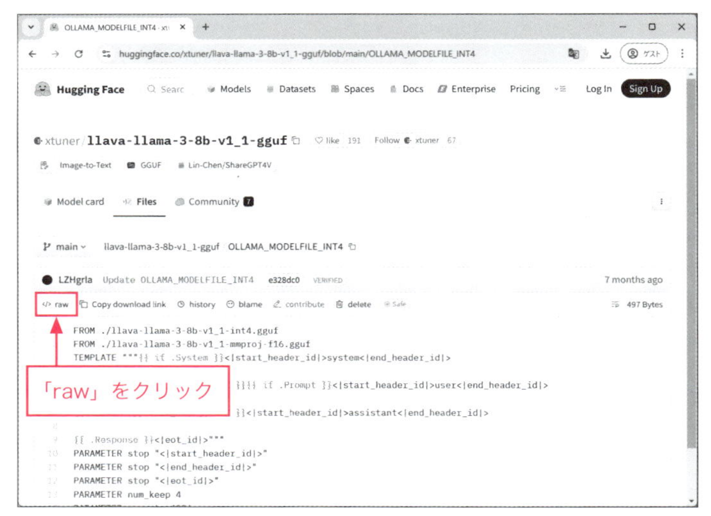

図 4.4 「OLLAMA_MODELFILE_INT4」ファイルの詳細ページ
メニューの右端にある「raw」をクリックする。

するとテキストのページが表示されるので、Web ブラウザーのファイル保存機能を使って「OLLAMA_MODELFILE_INT4」のファイル名で保存します（**図 4.5**）。

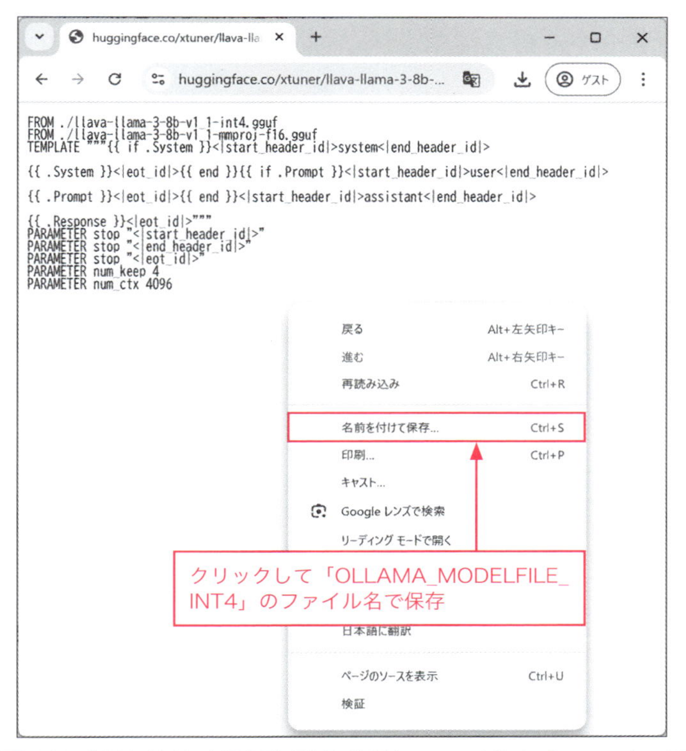

図 4.5 「OLLAMA_MODELFILE_INT4」ファイルの「raw」ページ
Webブラウザーのファイル保存機能を使って保存する。

この段階で、image_test フォルダーの中身は**図 4.6** のようになっています。

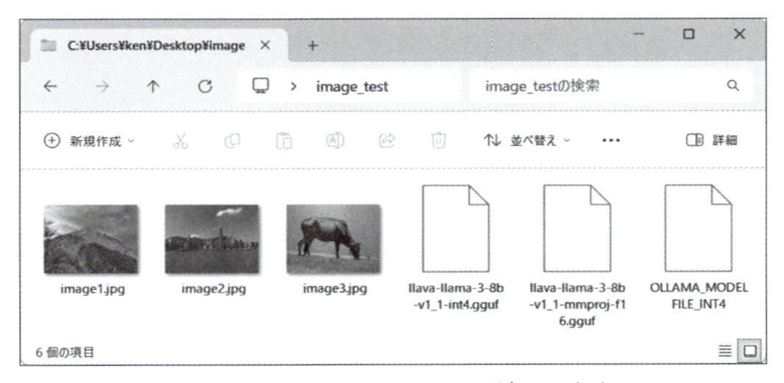

図 4.6 image_test フォルダーの中身

次に、Ollama をインストールします。この手順は第 3 章で紹介しているので、そちらを参照してください。Ollama をインストールできたら、コマンドプロンプトで image_test フォルダーに移動して、次のコマンドを実行します。

```
ollama create llava-llama3-int4 -f ./OLLAMA_MODELFILE_INT4
```

実行後「success」と表示されれば正常に処理が終了しています。続いて、次のコマンドを実行して LLM の「llava-llama3-int4」を動かします。

```
ollama run llava-llama3-int4
```

図 4.7 のように「>>> Send a message (/? for help)」というプロンプトが表示されるので、次のように入力します。

```
この画像を説明してください。./image1.jpg
```

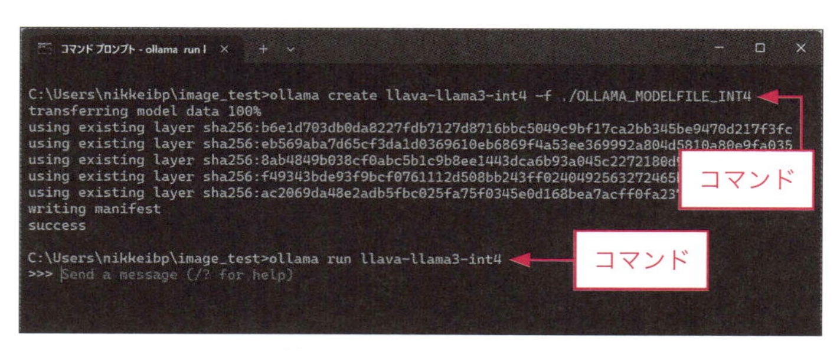

図 4.7　質問を待ち受けている状態の画面

すると、**図 4.8** の説明文が生成されました。これは驚愕の結果です！ 観察力が高く、文章も見事です。

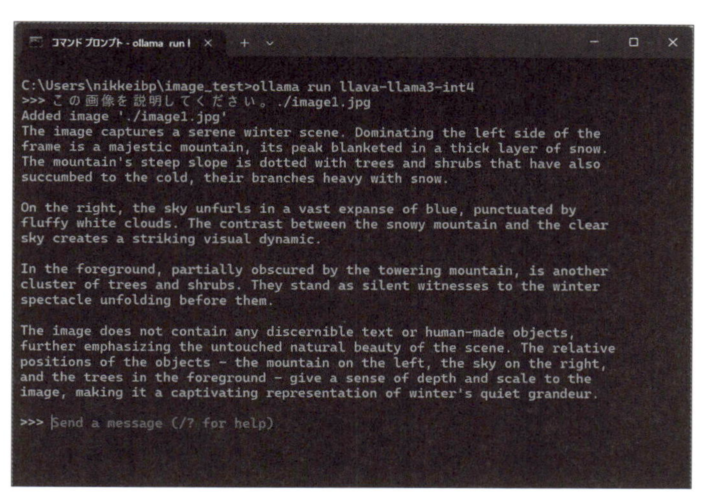

図 4.8　表示された「image1.jpg」の説明文

第２章でインストールした「Jan」を使って「Llama 3.2 1B Q8」に、図 4.8 の説明文の日本語訳を依頼すると、**図 4.9** になりました。

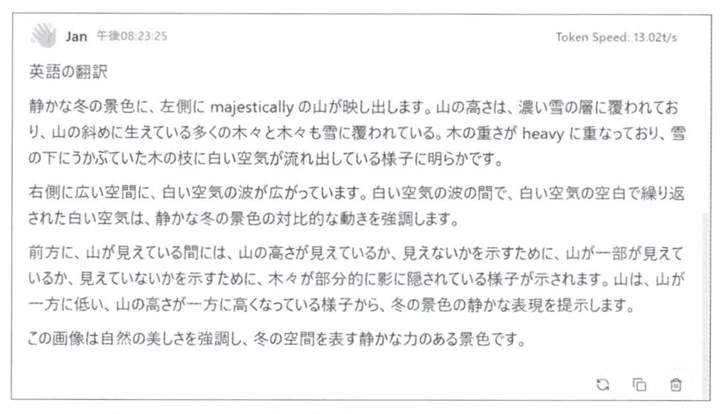

図 4.9　図 4.8 の説明文を「Jan」で日本語に翻訳した画面
LLMは「Llama 3.2 1B Q8」を利用した。

image2.jpg と image3.jpg も同様に説明を依頼すると、**表 4.1** の結果になりました。こちらも驚きです。image2.jpgでは写真が香港のビクトリアハーバー（正確には「ホンカントン」の「ビクトリア海岸」ですが）であることと、一番目立つビルが国際金融センターであることまで認識しています。

image2.jpg

This image captures a breathtaking view of the Hong Kong skyline, as seen from the vantage point of Victoria Harbour. The sky above is a clear blue with a few clouds scattered across it, providing a beautiful backdrop to the architectur al marvels below.

The city's buildings are a mix of white and gray colors, their glass facades refle cting the sunlight. Among these structures, the International Finance Centre st ands out due to its height. This tall skyscraper has a silver facade that gleams under the sunlight, making it a prominent feature in this skyline view.

The harbor itself is not devoid of activity. Several boats are seen floating on its surface, adding life to the scene. The calm water of the harbor mirrors the clear blue sky above, creating a harmonious blend of nature and architecture.

Overall, the image presents a stunning snapshot of Hong Kong's urban landsca pe, where human-made structures coexist with the natural elements of the harb or and sky.

（Llama 3.2 1B Q8による日本語訳）
この写真は、ホンカントンの空中景観を撮影しました。ビクトリア海岸から見る角度では、ホンカントンの景観は、明るい青と白の空気の上に、少数の雲が散布されている。建物は白と灰色の色の合計で構成され、明るい陽光が反射される。

建物の外側にある建物の特徴であるインターナショナル・ファイナンス・センターを特に、建物の外側の建物の白い、白い透明的な壁は太陽光を反射し、明るい景観を生み出す。この建物は、その高い建物の特徴である。建物は白い、白い透明の壁を備えた、明るい色の建物が立っている。

海には、数々の船が浮き、海面の静かさを加えて、景観を豊かにしている。海面と空の間には、明るい青の雲が混ざっている。

この写真は、ホンカントンの都市の景観を撮影し、人-madeの建物と自然の景観の間の間で、人間の作業を含めないようにしたいという目標を達成したいという願望によって生まれました。

image3.jpg

The image presents a tranquil scene of a brown cow grazing on the bank of a ri ver. The cow, with its body turned towards us, is standing on all four legs, its tail raised slightly in the air. The river, calm and serene, stretches out behind the cow, its surface reflecting the sky above. The sky itself is a clear blue with just a few clouds scattered across it.

The cow appears to be quite at home in this setting. Its head is lowered, indicat ing that it's enjoying a meal of grass beneath it. Despite being the only visible li ving creature in the image, the cow doesn't seem lonely or alone. Instead, it se ems content and at peace with its surroundings. There are no texts or other discernible objects in the image. The focus is sole ly on the cow and its environment, creating a sense of simplicity and tranquility. The relative position of the cow to the river suggests that it's close enough to drink from it if needed but far enough not to get wet from splashes. Overall, the image captures a moment of quiet harmony between nature and one of its inhabitants.
（Llama 3.2 1B Q8による日本語訳） この写真は、静的な景観を表現するために、野生の牛がbankの河川にgrazingをする場面を表す。牛は、自らの体を向けに向かって4足を立つ、頭を上げた部分が見えるので、自らの生活をしていることを示す。河川は静かで静かなものであり、空気の上の青い空と反射される。自らの周りに、少数の雲が散布されている。 牛は、食べ物を食べているかのように見える。体の中に草を吸い、頭を上げた部分が見えるので、その姿を良好に表現している。実際には、唯一の見える動物であるので、牛は自分を自らの環境と一致させている。牛はその場面を満喫していることがわかり、自らの周りにはもののないことが見える。 この写真は、自然と人間の関係を表現するために、動物の生活を描写することに関心があります。河川は、牛が水を飲む場所か、水を飲み物にする場所として見えるため、牛が飲む場所を表現している。 全体として、この写真は、自然とその住民の関係を表現するために、静かな場面を撮影したものであり、自然と人間の関係の調和感を表現したいという願望によって生まれたものです。

表 4.1　図 4.1 の image2.jpg と image3.jpg の説明文と、Llama 3.2 1B Q8 による日本語訳

4.2 Pythonのプログラムに組み込む

Python のライブラリである「llama-cpp-python」は、オープンソースの LLM プラットフォームである llama.cpp を Python で使えるようにするものです。この llama-cpp-python を使うと、LLM を利用した Python のプログラムを作成できます。

あらかじめ、Python の実行環境と米 Microsoft の統合開発環境「Visual Studio」をインストールしておく必要があります。Python の実行環境は第 3 章

の3.4節を、Visual Studioは第2章の2.5節でインストール方法を紹介しています。そちらを参照してください。

では、次のコマンドでllama-cpp-pythonをインストールします。

```
pip install llama-cpp-python --extra-index-url https://abetlen.githu
b.io/llama-cpp-python/whl/cpu
```

LLMは、先ほどダウンロードしたマルチモーダル対応のllava-llama-3-8b-v1_1-int4.ggufを使いましょう。llava-llama-3-8b-v1_1-int4.ggufを保存したimage_testフォルダーに、**リスト4.1**を記述した「llama-cpp_test.py」を作成します。このプログラムは、Llama関数でimage_testフォルダーにあるllava-llama-3-8b-v1_1-int4.ggufを読み込みます。"世界で一番長い川は何ですか？英語で答えてください。"の部分が、LLMへの質問文です。

リスト4.1　「llama-cpp_test.py」の内容

```
from llama_cpp import Llama

llm = Llama(model_path="./llava-llama-3-8b-v1_1-int4.gguf")

completion = llm.create_chat_completion(
  messages=[
    {"role": "system",
     "content": "あなたは親切なアシスタントです。"},
    {"role": "user",
     "content": "世界で一番長い川は何ですか？英語で答えてください。"}
  ])

print(completion["choices"][0]["message"]["content"])
```

コマンド プロンプトでimage_testフォルダーに移動したら、llama-cpp_test.pyを「python llama-cpp_test.py」と入力して、実行しましょう。大量のログが出力されますが、しばらく待って実行が終了すると、その末尾に次のように返答文が表示されました。

```
The longest river in the world is the Nile River, which is located i
n Africa.
```

llama-cpp-python はマルチモーダルの LLM にも対応しているので、llava-llama-3-8b-v1_1-int4.gguf を使って画像を説明することもできます。図 4.1 の image1.jpg を解釈するプログラムを作ってみましょう。これは**リスト 4.2** の「image_test.py」のようになります。このプログラムは、llava-llama-3-8b-v1_1-int4.gguf と llava-llama-3-8b-v1_1-mmproj-f16.gguf、および image1.jpg を読み込みます。

4
章

リスト 4.2 「image_test.py」の内容

```
from llama_cpp import Llama
from llama_cpp.llama_chat_format import Llava15ChatHandler
import base64

img_data = ""
with open("./image1.jpg", "rb") as img_file:
  base64_data = base64.b64encode(img_file.read()).decode('utf-8')
  img_data = f"data:image/jpg;base64,{base64_data}"

chat_handler = Llava15ChatHandler(
  clip_model_path="./llava-llama-3-8b-v1_1-mmproj-f16.gguf")

llm = Llama(
  model_path="./llava-llama-3-8b-v1_1-int4.gguf",
  chat_handler=chat_handler,
  n_ctx=8192
)

completion = llm.create_chat_completion(
  messages = [
    {"role": "system",
     "content": "あなたは親切なアシスタントです。"},
    {"role": "user",
     "content": [{"type": "text", "text": "この画像を英語で説明してくださ
い。"},
                 {"type": "image_url", "image_url": {"url": img_data
```

```
}}]}])

print(completion["choices"][0]["message"]["content"])
```

image_test.py を image_test フォルダーに配置したら、「python image_test.py」と入力して、実行しましょう。しばらくすると、大量のログが出力された末尾に**図 4.10** のような説明文が表示されます。

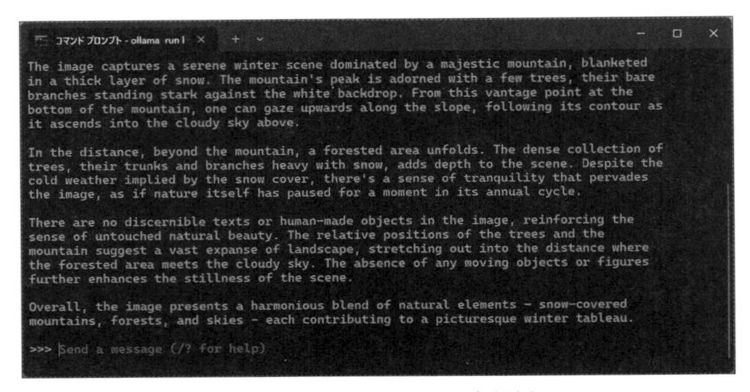

図 4.10　リスト 4.2 の実行例

第5章
ローカルLLMを活用（その2）コードの作成を支援

日経ソフトウエア　著

コードの生成は、LLMの得意分野です。現在、LLMによるプログラミングの支援機能を搭載するツールが続々と登場しています。第5章では、いくつかあるそれらのツールの中から、“無料”かつ“アカウント作成やログインが不要”で使えるものを選んで、その利用方法を紹介します。具体的には、次の三つを取り上げます。

- Continue
- Zed
- Aider

では、Continueの紹介から始めましょう。

5.1 VS Codeの拡張機能「Continue」

Continueは、人気のエディタ「Visual Studio Code」(VS Code)にAI支援を追加する拡張機能です。ここでは、「Windows 11パソコンの環境でVS CodeとContinueを使って、日本語でPythonのコードの生成を依頼し、生成されたコードを実行するまで」を順番に説明しましょう。

(1) VS Codeを導入

まずは、VS Codeを導入します。次のURLにアクセスして、インストーラーを入手しましょう。なお、VS CodeはWindows用、Mac用、Linux用があります。

```
https://code.visualstudio.com/
```

インストーラーをダウンロードしたら実行します(**図5.1**)。あとは、インストーラーの指示に従うだけで、インストール作業は半自動で完了します。

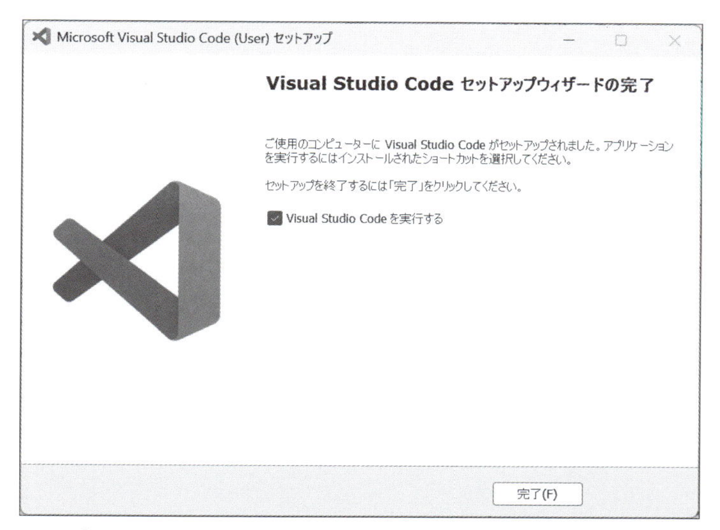

図 5.1　「Visual Studio Code」のインストーラーの画面（Windows 版）

初期状態の VS Code はメニューなどが英語表示なので、これを日本語にしましょう。VS Code の画面左端にある「Extensions」ボタンをクリックして、検索ボックスに「Japanese」と入力し、「Japanese Language Pack for Visual Studio Code」を見つけたら、「Install」ボタンをクリックしてインストールします（**図 5.2**）。

図 5.2　日本語化のための拡張機能のインストール手順

その後、［Ctrl ＋ Shift ＋ P］キーを押して、表示される「Configure Display Language」を選び、「日本語」を選択します。これで VS Code の再起動後に、メニューなどの表示が日本語になります（**図 5.3**）。

図 5.3　日本語化の拡張機能を導入後の「Visual Studio Code」の画面

(2) OllamaとGemma 2 2Bを導入

AI 支援機能のためのローカル LLM をパソコンに導入します。ここでは米 Google が公開している LLM である「Gemma 2 2B」と、Gemma 2 2B にコードを生成させるためのソフトウエアである「Ollama」を導入します。

まずは、Ollama をインストールします。詳細なインストール方法を第 3 章で解説しています。第 3 章を参照しながらインストールしてください。

Ollama のインストールが完了したらコマンド プロンプトを起動し、次のコマンドを実行して Gemma 2 2B をダウンロードします（**図 5.4**）。

```
ollama pull gemma2:2b
```

図 5.4 「Gemma 2 2B」のダウンロードを実行中の画面

このGemma 2 2Bは26.1億個の「パラメータ」を持つLLMです。LLMの中では小型で、ファイルサイズは1.6GBと小さめです。

パラメータとは、LLMのニューラルネットワークの状態を表す値です。パラメータ数とLLMの性能は比例します。ちなみに、米Googleは92.4億個のパラメータを持つ「Gemma 2 9B」(ollama pullコマンドでダウンロードする場合のファイルのサイズは5.4GB)や、272億個のパラメータを持つ「Gemma 2 27B」(同16GB)も公開しています。これらの方がGemma 2 2Bよりも高性能ですが、ファイルサイズがかなり大きくなります。

ダウンロードが終わったら、次のコマンドを入力して、Gemma 2 2Bを使ってみましょう。

```
ollama run gemma2:2b
```

表示される「>>>」の後に、LLMへの質問文を記述します。試しに、次の文章を入力してみます。

```
Pythonを学ぶ際のコツは何ですか? 手短に教えてください
```

すると、**図5.5**のような返答が表示されました。

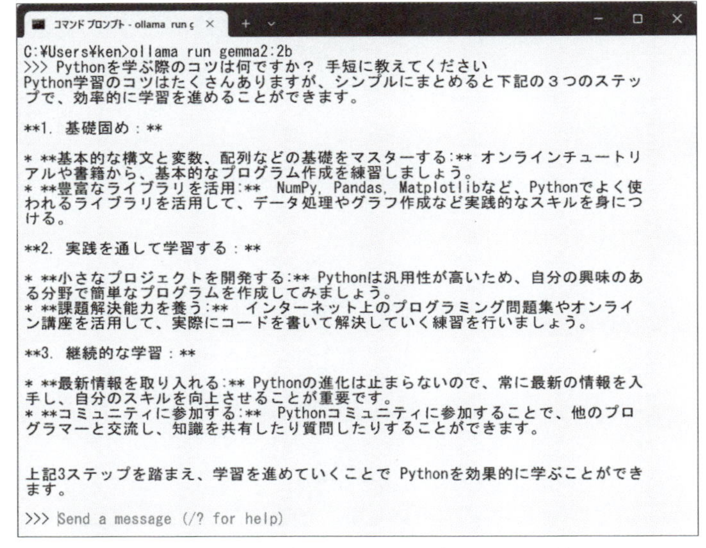

図 5.5　LLM（Gemma 2 2B）からの返答

(3) Pythonを導入

Python の実行環境を導入します。ここでは 2024 年 11 月末時点の最新版「Python 3.13.0」を使います。次の URL にある Python の公式サイトからインストーラーを入手しましょう。

```
https://www.python.org/
```

インストーラーをダウンロードしたら、実行します。**図 5.6** の画面が表示されるので、画面下方の「Add python.exe to PATH」にチェックを入れてから、「Install Now」ボタンをクリックしてインストールします。

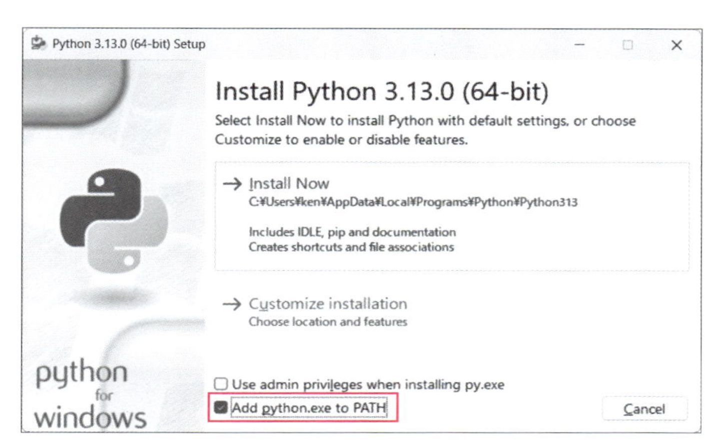

図 5.6　Windows 版 Python のインストーラーの画面

5章

ちなみに、Python 3.13.0 では、エラーメッセージが色付きで表示されるようになっています（**図 5.7**）。

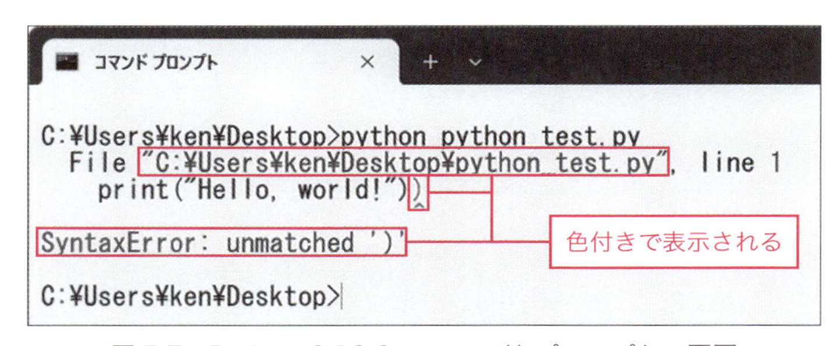

図 5.7　Python 3.13.0 のコマンド プロンプトの画面

(4) Continueを導入

準備が整ったので、いよいよ VS Code に Continue を導入します。

まずは、Web ブラウザーで「http://localhost:11434/」にアクセスして、**図 5.8** のように「Ollama is running」と表示されるかどうかを確認しましょう。表示されない場合は、「ollama run gemma2:2b」を実行して、Ollama と Gemma 2 2B を起動します。

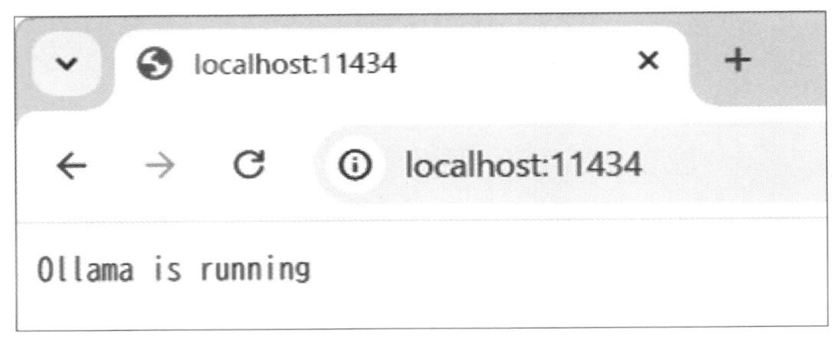

図 5.8　Ollama のローカルサーバーが動いていることを確認する

次に、VS Code を起動し、画面左端にある「拡張機能」ボタンをクリックして、検索ボックスに「Continue」と入力しましょう。**図 5.9** のように Continue が見つかるので、インストールします。

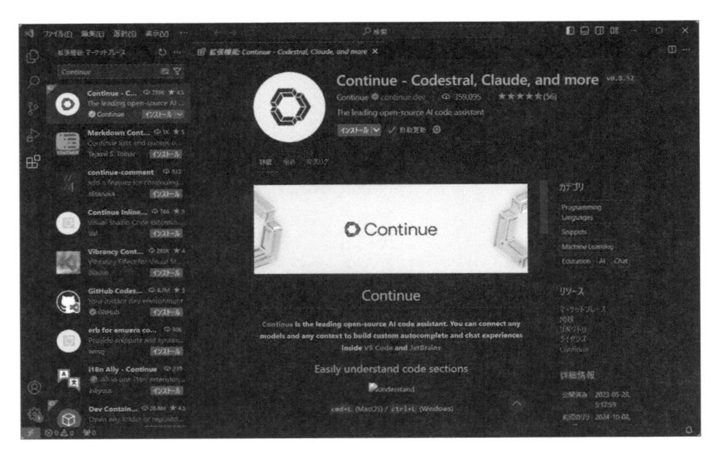

図 5.9　拡張機能「Continue」のインストール画面

インストール後、画面右に Continue のサイドバーが現れます。Continue のサイドバーには「Claude 3.5 Sonnet」という表示があるので、これをクリックし、現れるメニューから「＋ Add Chat model」を選びます（**図 5.10**）。

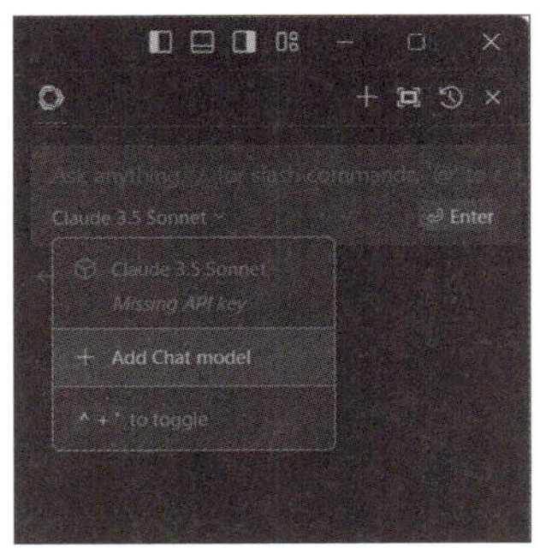

図 5.10 「Claude 3.5 Sonnet」をクリックすると表示されるメニュー画面

その後、表示される「Add Chat model」の画面の「Provider」で「Ollama」を選択し（**図 5.11**）、「Connect」ボタンをクリックします。

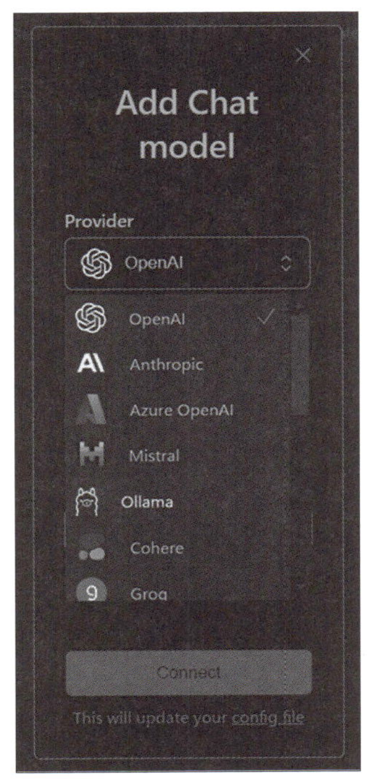

図 5.11 「Add Chat model」の画面で「Provider」の選択項目をクリックすると表示されるメニュー画面

Continue の設定ファイルである「config.json」が開くので、「"provider": "ollama"」がある項目を次のように修正して、config.json を保存します。

```
{
  "model": "AUTODETECT",
  "title": "Autodetect",
  "provider": "ollama"
}
  ↓修正
{
  "model": "gemma2:2b",
  "title": "gemma2:2b",
  "provider": "ollama"
}
```

これで、サイドバーで「gemma2:2b」を選べるようになるので（**図 5.12**）、選択しましょう。

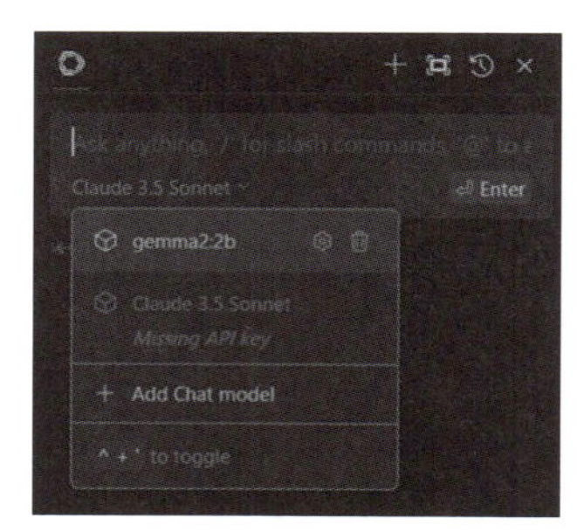

図 5.12　「Claude 3.5 Sonnet」をクリックすると表示されるメニュー画面
「gemma2:2b」を選択する。

(5) VS CodeにPythonの拡張機能を導入

最後に、VS Code に Python の拡張機能を導入します。「拡張機能」ボタンをクリックしたら、検索ボックスに「Python」と入力し、表示される「Python」(Python extension for Visual Studio Code)をインストールします(**図5.13**)。これで、「Python」と「Pylance」、「Python Debugger」(Python Debugger extension for Visual Studio Code）の三つの拡張機能がインストールされます。

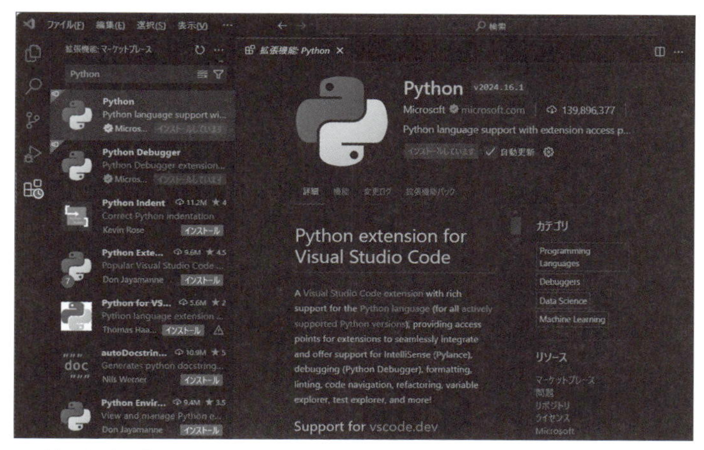

図 5.13　拡張機能「Python」（Python extension for Visual Studio Code）をインストール後の画面

Continueにコードを生成させて実行してみる

Continue に Python のコードを生成させて、実行してみましょう。

VS Code でテキストファイルを新規に作ったら、「continue_test.py」といった、「.py」の拡張子を持つファイル名で保存します。

その後、Continue のサイドバーの「Ask anything, ～」の部分に、何かの依頼を記述してみましょう。試しに、次の文章を入力してみます。

```
素数かどうかを判定する Python の関数を示してください。その関数を使って、100 までの素数を出力するコードも示してください
```

この依頼に対し、Continue は**図 5.14** のようなコードと解説文を生成しました。なお、基本的に、LLM は毎回異なる内容を生成します。皆さんが同じ文章を入力しても図 5.14 と全く同じ結果になることはないので、注意してください。

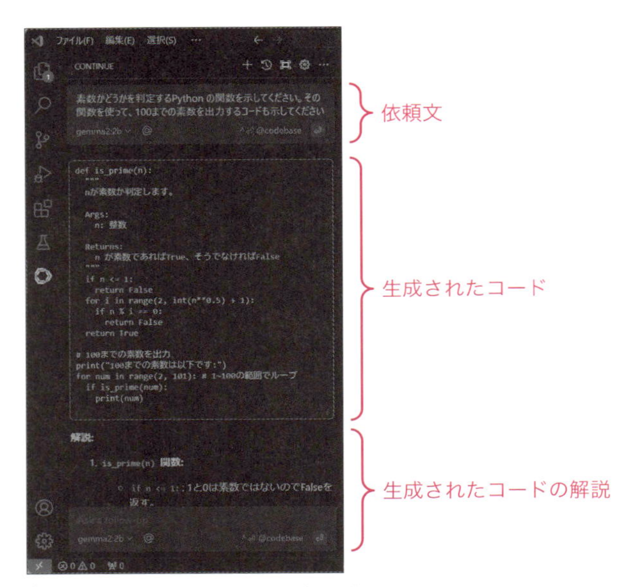

図 5.14　生成されたコードと解説文

次に、生成されたコードの表示の右上にある「Apply」ボタンをクリックします（**図 5.15**）。すると、Continue が生成したコードがファイル（ここでは continue_test.py）に書き込まれます。

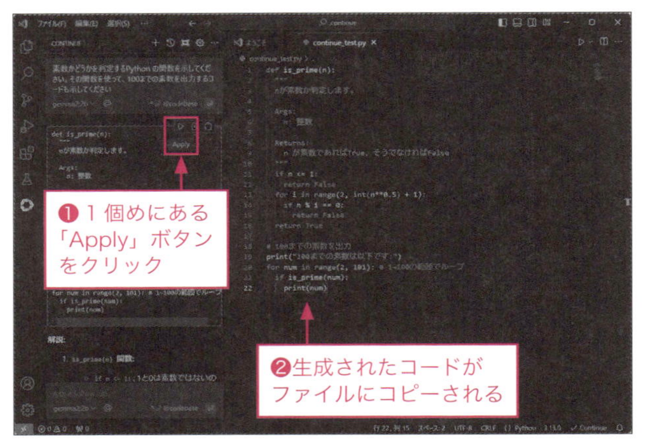

図 5.15　「Apply」ボタンをクリックした後の画面
「Apply」ボタンは生成されたコードの上にマウスのカーソルを合わせると表示される。

書き込まれたファイルの画面右上にある「再生」ボタンから「専用ターミナルでPythonファイルを実行する」を選びます。これでプログラムが実行され、VS Codeのターミナルに**図5.16**のように実行結果が表示されます。ちゃんと100までの素数が出力されました。

図5.16　ターミナルに表示された実行結果

別の依頼もしてみましょう。今度は、GUIのプログラムを生成できるか試してみます。「continue_gui_test.py」といったファイルを作ったら、Continueのサイドバーに次の文章を入力します。

```
ウインドウに「Hello, world!」と表示するプログラムを、PythonとTkinterを使って作ってください。ウインドウのサイズは縦150ピクセル、横200ピクセルにしてください
```

この依頼に対しては、**図5.17**の結果になりました。なお、「Tkinter」はGUI（Graphical User Interface）を作成するためのソフトウエアで、Pythonに標準で付属します。プログラムに「ウインドウ」や「ボタン」といったグラフィカルなユーザーインタフェースを提供します。

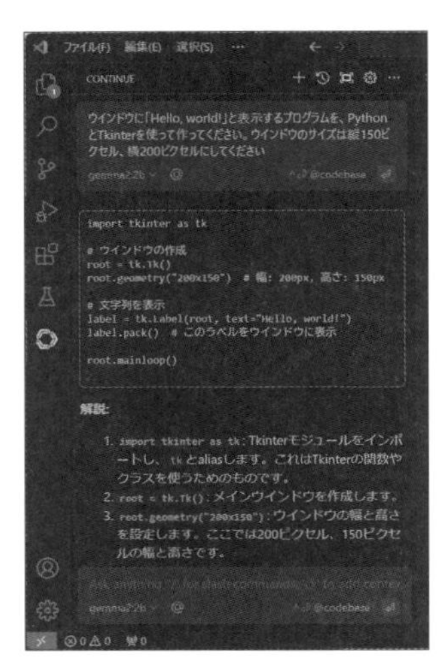

図 5.17　生成された「Tkinter」を使うコードと解説

「Apply」ボタンをクリックして、生成されたコードをファイルに書き込んだら、実行してみましょう。実行結果は**図 5.18** で、見事、「Hello, world!」と書かれたウインドウが表示されました。ウインドウのサイズも依頼したとおりです。

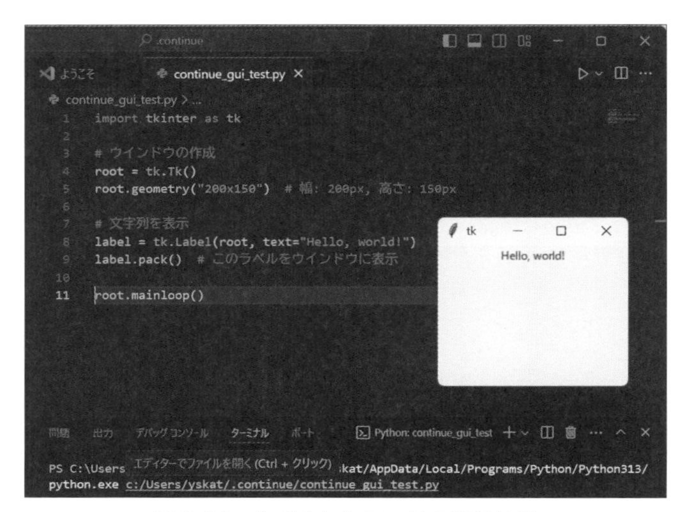

図 5.18　生成されたコードの実行結果

5.2 macOSとLinuxで使える「Zed」

「Zed」は、macOSとLinuxで使えるAI支援機能付きのエディタです。Windows用は現在開発中です。ここではAppleシリコン搭載のMac用を使って解説します。Zedと連携するローカルLLMにPythonのコードを生成させてみます。ローカルLLMの環境は、本章の5.1節でも利用したOllamaとLLMのGemma 2 2Bを使います。

Python、Ollama、Gemma 2 2BをMacに導入

下準備として、macOSにPythonの実行環境とOllama、Gemma 2 2Bを導入します。

まずはPythonの実行環境ですが、macOSでも先ほどの5.1節と同様に公式サイト（https://www.python.org/）からインストーラーをダウンロードして、インストールします（**図5.19**）。

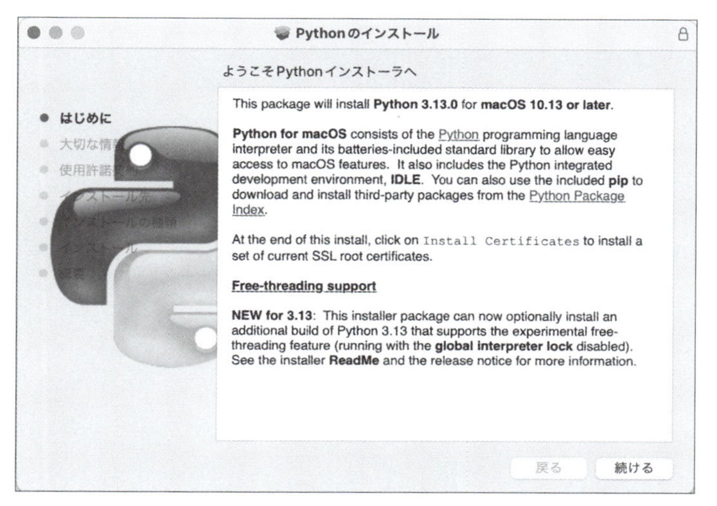

図5.19　macOS版Pythonのインストーラーの画面

インストールが完了すると、Pythonのプログラムを実行する「python3」コマンドがターミナルで使えるようになります（**図5.20**）。

```
ken@Ken Desktop % python3 python_test.py
Hello, world!
ken@Ken Desktop %
```

図 5.20　macOS では「python3」コマンドで Python のプログラムを実行

Ollama のインストール方法は先ほどの 5.1 節でも紹介したとおり、第 3 章で macOS にインストールする方法を解説しています。参照しながらインストールしてください。インストールが終わったら、ターミナルで、「ollama pull gemma2:2b」を実行して、Gemma 2 2B をダウンロードします（**図 5.21**）。

```
Last login: Fri Oct 11 17:24:16 on ttys000
ken@Ken ~ % ollama pull gemma2:2b
pulling manifest
pulling 7462734796d6...   6% |                    |  95 MB/1.6 GB  6.5 MB/s   3m56s
```

図 5.21　Gemma 2 2B のダウンロードを実行中の画面

ダウンロードが完了したら、「ollama run gemma2:2b」を実行して、Ollama と Gemma 2 2B を起動しておきましょう。

Zedを導入

Zed の Web サイト（**図 5.22**）にアクセスして、Zed のインストーラーを入手します。URL は次の通りです。

```
https://zed.dev/
```

図 5.22 「Zed」の Web サイト

画面に表示されている「Download now」ボタンをクリックして、Apple シリコン用のインストーラーをダウンロードしましょう。その後、インストーラーを実行すれば、インストール作業は半自動で完了します。

インストールが終わったら、Zed を起動し、メニューの「Zed」→「Settings...」→「Open Settings」を選んで、Zed の設定ファイルである settings.json を開きます。そして、settings.json を**図 5.23** のように修正します。"assistant" の項目で、AI のアシスタントとして Ollama と Gemma 2 2B を使うことを指定しています。これで、settings.json を保存して閉じると、Gemma 2 2B による支援が受けられるようになります。

```
{
  "ui_font_size": 16,
  "buffer_font_size": 16,
  "theme": {
    "mode": "system",
    "light": "One Light",
    "dark": "One Dark"
  },
  "assistant": {
    "version": "2",
    "default_model": {
      "provider": "ollama",
      "model": "gemma2:2b"
    }
  }
}
```

図 5.23　修正後の「settings.json」ファイルの内容

Zedにコードの生成を依頼する

では、Zed が備える「Inline Assist」と「Assistant Panel」の機能を使って、LLM（ここでは Gemma 2 2B）に Python のコードを生成させてみましょう。

まずは、Inline Assist からです。Zed を起動したら、画面右下の「Plain Text」を「Python」に変更して、「list_a = [1, 2, 3]」と入力します。次に、画面右上の星の形をした「Inline Assist」ボタンをクリックします（**図 5.24**）。

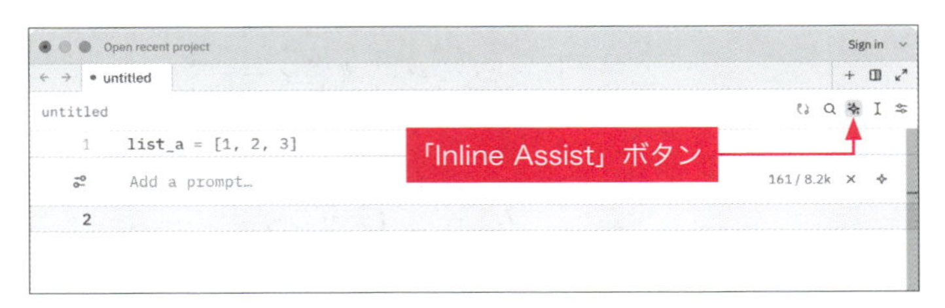

図 5.24　「Inline Assist」ボタンをクリック

入力したコードの下に「Add a prompt...」と表示されるので、ここでは次のように依頼してみます。

```
このリストの要素の値をそれぞれ 1.5 倍してから合計を求めるコードを生成してください
```

すると、**図 5.25** のように、期待したコードを生成してくれました。ちゃんと、1 行目に入力した list_a に対応するコードになっています。このように、Inline Assist を使うと、LLM と対話しながらプログラミングできます。

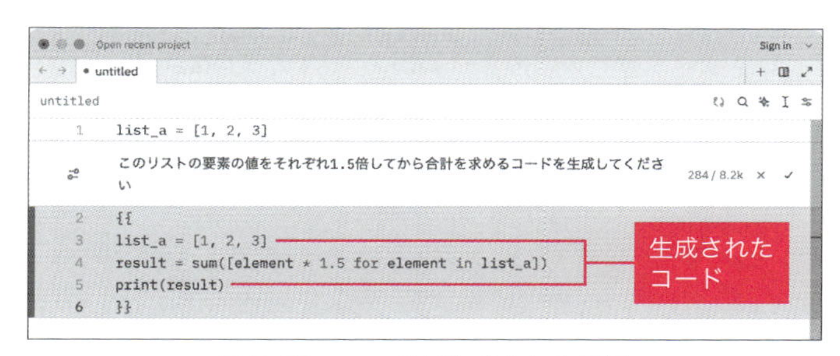

図 5.25　コードが生成された画面

続いて、Assistant Panel を使ってみます。Assistant Panel は、画面右下の星の形をした「Assistant Panel」ボタンをクリックすることで、画面右に表示できます。試しに、次のように依頼してみましょう。

```
正の整数を二進数の文字列に変換する Python の関数を生成してください
```

これに対して LLM は、**図 5.26** を表示しました。期待通りの機能を持つ関数を生成してくれました。

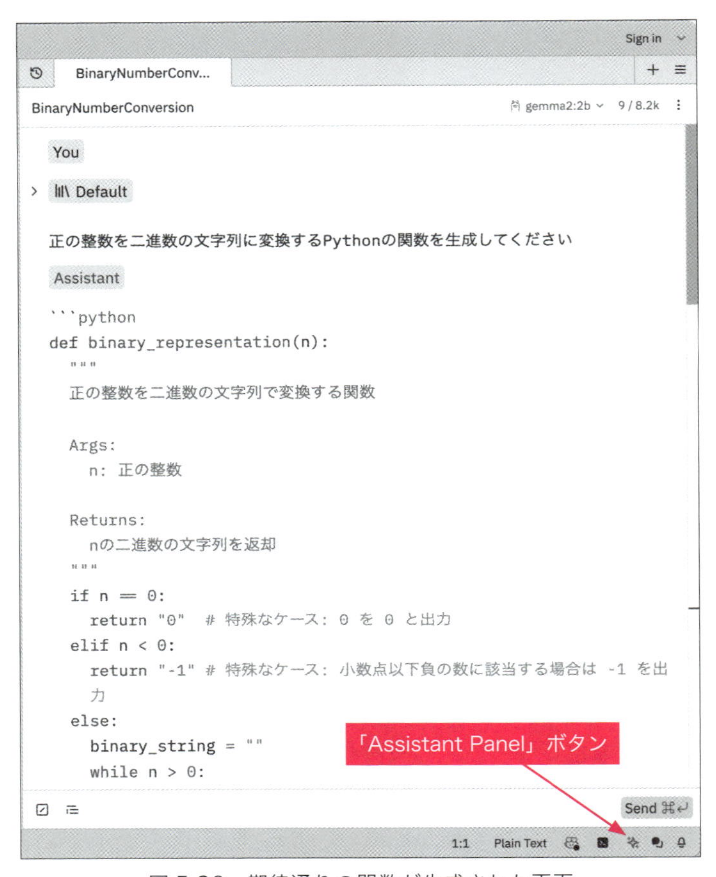

図 5.26　期待通りの関数が生成された画面

Assistant Panel ではファイルの入力も可能です。例えば、**リスト 5.1** の内容の「zed_test.py」を Assistant Panel にドラッグ&ドロップしましょう。

リスト 5.1　「zed_test.py」の内容
このファイルをAssistant Panelにドラッグ&ドロップする。

```
list_a = [1, 2, 3]
list_b = [4, 5, 6]
```

その後、次のように依頼してみます。

```
二つのリストをマージしてから合計するコードを生成してください
```

すると、zed_test.py の内容を読み取り、**図 5.27** のコードを生成してくれました。期待通りのコードです。

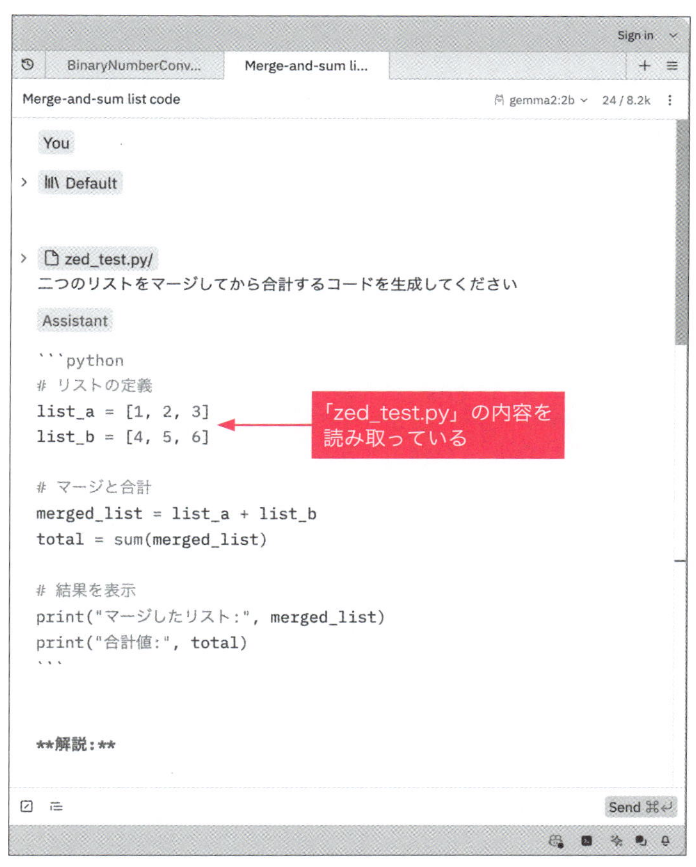

図 5.27　「zed_test.py」の内容を読み取ってコードが生成された画面

5.3 コマンド プロンプトで使える「Aider」

「Aider」は、コマンド プロンプトで対話しながらLLMにプログラムの作成を依頼できる、Pythonで作られたツールです。AiderはPythonの実行環境にインストールして使います。ただし、執筆時点で試した限りでは、「Python 3.13.0」の環境にはインストールできないようです。

そこで、少しだけ古い「Python 3.12.7」の環境を導入してAiderを動かしてみましょう。Pythonは1台のパソコンに、いろいろなバージョンを共存させることができます。また、Pythonの「venv」という仮想環境の機能を使えば、他のPythonの実行環境から完全に独立したPythonの実行環境を構築できます。まずは、仮想環境の機能を使って、Python 3.12.7の独立した環境を作るところから始めましょう。

venvでPython 3.12.7の環境を作る

Pythonの公式サイトの次のページから、Python 3.12.7のインストーラーを入手しましょう。

```
https://www.python.org/downloads/windows/
```

インストーラーを起動して、インストール作業を行いますが、このとき「Add python.exe to PATH」にはチェックを入れないようにしてください。

次に、仮想環境のための「Python3.12.7」フォルダーを作ります。ここではCドライブ直下に作ることにします。その後、Python3.12.7フォルダーに移動して、Python 3.12.7の仮想環境を作ります。具体的には、コマンド プロンプトで次の2行のコマンドを順番に実行します（**図5.28**）。

```
cd C:¥Python3.12.7
py -3.12 -m venv venv-Python3.12.7
```

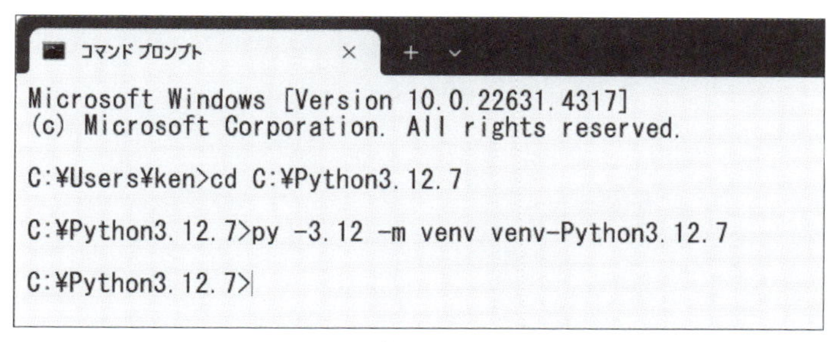

図 5.28　コマンド プロンプトの実行結果の画面

「venv-Python3.12.7」は仮想環境名です。他の名前でも構いません。

その後、作成した仮想環境に切り替えます。コマンド プロンプトで、次のコマンドを実行しましょう。

```
venv-Python3.12.7¥Scripts¥activate
```

プロンプトに「(venv-Python3.12.7)」が表示されます。これが、仮想環境にいることを示す印です。念のため、「python -V」を実行して、Python のバージョンを確かめましょう。「Python 3.12.7」と表示されます（**図 5.29**）。

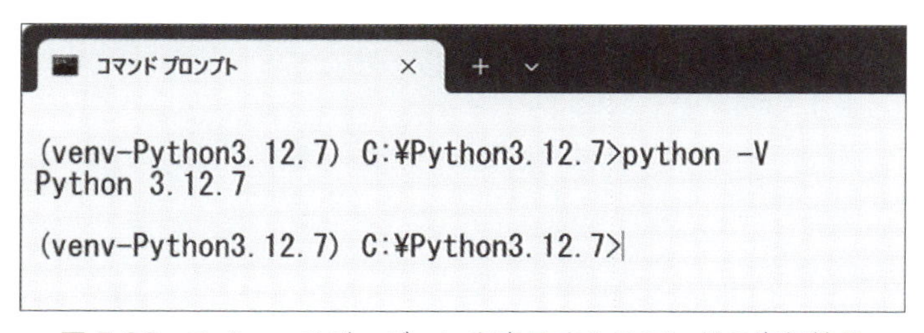

図 5.29　Python のバージョンを表示するコマンドの実行結果

この Python 3.12.7 の仮想環境は、Python3.12.7 フォルダー内で完結しています。この Python の実行環境にどのようなソフトウエアをインストールしても、他の Python の実行環境は影響を受けません。今回のように、「普段は Python 3.13.0 を使いたいが、Aider をインストールできないので、Aider を動かすための Python 3.12.7 の実行環境もほしい」というときに、仮想環境の機能はとても便利です。または、「Python の実行環境にいろいろなソフトウエアを導入して使ってみたいが、普段使っている Python の実行環境には変更を加えたくない」という場合も仮想環境が役立ちます。

なお、仮想環境を削除したいときは、仮想環境のフォルダーを丸ごと削除するだけです。

Aiderを導入する

では、Aider を導入します。まず、Aider の動作に必要なので、「Git」を導入します。次の URL から「Git for Windows」のインストーラーを入手して、インストールしましょう。

```
https://gitforwindows.org/
```

インストーラーでは、「Choosing the default editor used by Git」（Git が使うデフォルトエディタの選択）以外の設定はすべてデフォルトで OK です。このデフォルトエディタの選択では、使いやすいと思うエディタを選びましょう。

ここでは、Aider と連携する生成 AI として、Ollama と Gemma 2 2B を使います。コマンド プロンプトを起動して、「ollama run gemma2:2b」を実行し、Ollama と Gemma 2 2B を起動しておきましょう。

次に、新たにコマンド プロンプトを立ち上げて、Python3.12.7 フォルダーに移動し、venv-Python3.12.7 の仮想環境に切り替えます。

その後、次のコマンドで Aider をインストールします（**図 5.30**）。

```
pip install aider-chat
```

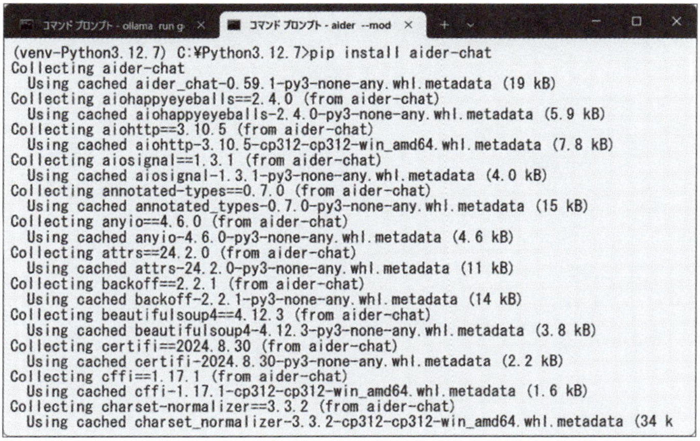
コマンド プロンプト - ollama run g
コマンド プロンプト - aider --mod
(venv-Python3.12.7) C:¥Python3.12.7>pip install aider-chat
Collecting aider-chat
Using cached aider_chat-0.59.1-py3-none-any.whl.metadata (19 kB)
Collecting aiohappyeyeballs==2.4.0 (from aider-chat)
Using cached aiohappyeyeballs-2.4.0-py3-none-any.whl.metadata (5.9 kB)
Collecting aiohttp==3.10.5 (from aider-chat)
Using cached aiohttp-3.10.5-cp312-cp312-win_amd64.whl.metadata (7.8 kB)
Collecting aiosignal==1.3.1 (from aider-chat)
Using cached aiosignal-1.3.1-py3-none-any.whl.metadata (4.0 kB)
Collecting annotated-types==0.7.0 (from aider-chat)
Using cached annotated_types-0.7.0-py3-none-any.whl.metadata (15 kB)
Collecting anyio==4.6.0 (from aider-chat)
Using cached anyio-4.6.0-py3-none-any.whl.metadata (4.6 kB)
Collecting attrs==24.2.0 (from aider-chat)
Using cached attrs-24.2.0-py3-none-any.whl.metadata (11 kB)
Collecting backoff==2.2.1 (from aider-chat)
Using cached backoff-2.2.1-py3-none-any.whl.metadata (14 kB)
Collecting beautifulsoup4==4.12.3 (from aider-chat)
Using cached beautifulsoup4-4.12.3-py3-none-any.whl.metadata (3.8 kB)
Collecting certifi==2024.8.30 (from aider-chat)
Using cached certifi-2024.8.30-py3-none-any.whl.metadata (2.2 kB)
Collecting cffi==1.17.1 (from aider-chat)
Using cached cffi-1.17.1-cp312-cp312-win_amd64.whl.metadata (1.6 kB)
Collecting charset-normalizer==3.3.2 (from aider-chat)
Using cached charset_normalizer-3.3.2-cp312-cp312-win_amd64.whl.metadata (34 k

図 5.30　「Aider」のインストールを実行中の画面

「pip」は、Python の実行環境のソフトウエアを管理するためのコマンドです。「pip install ソフトウエア名」で、インストールもできます。

続いて、次のコマンドを入力します。

```
setx OLLAMA_API_BASE http://127.0.0.1:11434
```

これで環境変数「OLLAMA_API_BASE」に「http://127.0.0.1:11434」という値を設定できます。

ようやく Aider を実行できます。再び、新たなコマンド プロンプトを起動して venv-Python3.12.7 の仮想環境に切り替えたら、次のコマンドを入力しましょう。

```
aider --model ollama/gemma2:2b
```

図 5.31 のようなメッセージが現れます。途中でいろいろ聞かれますが、「Y」(Yes) を入力しておきましょう。

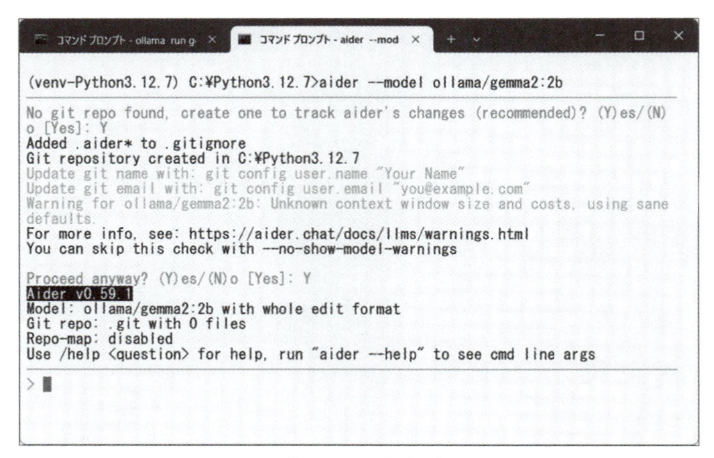

図 5.31 「Aider」を起動した画面

Aiderにプログラムの生成を依頼する

Aider にプログラムの生成を依頼してみます。初めに、次のコマンドを入力して、「prime_check.py」というプログラムのファイルを作ります。

```
/add prime_check.py
```

その後、次の依頼文を、コマンド プロンプトに入力してみます。

```
素数かどうかをチェックする関数を生成してください
```

これでプログラムが生成され、Python3.12.7 フォルダーに作られた prime_check.py に書き込まれます（**図 5.32**）。

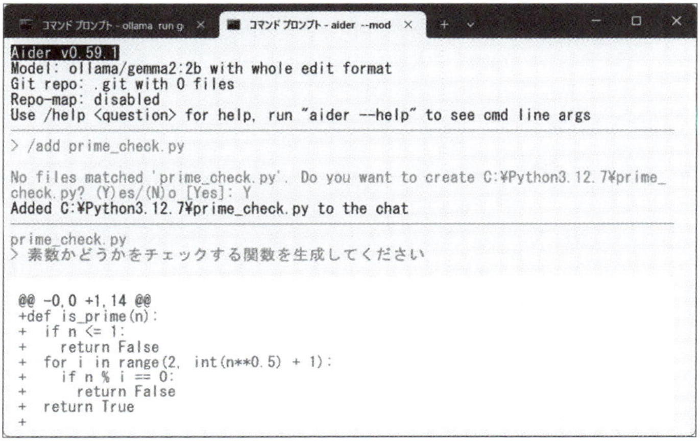
コマンド プロンプト - ollama run g
コマンド プロンプト - aider --mod
Aider v0.59.1
Model: ollama/gemma2:2b with whole edit format
Git repo: .git with 0 files
Repo-map: disabled
Use /help <question> for help, run "aider --help" to see cmd line args
> /add prime_check.py
No files matched 'prime_check.py'. Do you want to create C:¥Python3.12.7¥prime_
check.py? (Y)es/(N)o [Yes]: Y
Added C:¥Python3.12.7¥prime_check.py to the chat
prime_check.py
> 素数かどうかをチェックする関数を生成してください
@@ -0,0 +1,14 @@
+def is_prime(n):
+ if n <= 1:
+   return False
+ for i in range(2, int(n**0.5) + 1):
+   if n % i == 0:
+   return False
+ return True
+

図 5.32　プログラムが生成された

prime_check.py の中身は**リスト 5.2** になっており、実行すると、「17 is a prime number」と表示されます。

リスト 5.2　生成された「prime_check.py」の内容

```
def is_prime(n):
  if n <= 1:
    return False
  for i in range(2, int(n**0.5) + 1):
    if n % i == 0:
      return False
  return True

# Example usage
number = 17
if is_prime(number):
  print(f"{number} is a prime number")
else:
  print(f"{number} is not a prime number")
```

次に、このプログラムに、Tkinter による GUI を付けてみましょう。次の依頼文を入力してみます。

Tkinter を使って素数を GUI で入力できるようにして、素数かどうかをチェックするようにしてください

すると prime_check.py のプログラムが**リスト 5.3** のように修正されます。

リスト 5.3　GUI 付きに修正された「prime_check.py」の内容

```
import tkinter as tk
from tkinter import messagebox

def check_prime():
  try:
    num = int(entry.get())
    if is_prime(num):
      messagebox.showinfo("Result", f"{num} is a prime number")
    else:
      messagebox.showerror("Result", f"{num} is not a prime number")
  except ValueError:
    messagebox.showerror("Error", "Please enter a valid integer.")

def is_prime(n):
  if n <= 1:
    return False
  for i in range(2, int(n**0.5) + 1):
    if n % i == 0:
      return False
  return True

# Create the main window
root = tk.Tk()
root.title("Prime Checker")

# Create an entry widget for user input
entry = tk.Entry(root, width=20)
entry.pack()

# Create a button to trigger the check
check_button = tk.Button(root, text="Check Prime", command=check_pri
```

```
me)
check_button.pack()

# Run the main loop
root.mainloop()
```

修正された prime_check.py を実行すると、**図 5.33** のウインドウが表示されます。数字を入力すると、素数かどうかを判定し、メッセージボックスで表示してくれます。

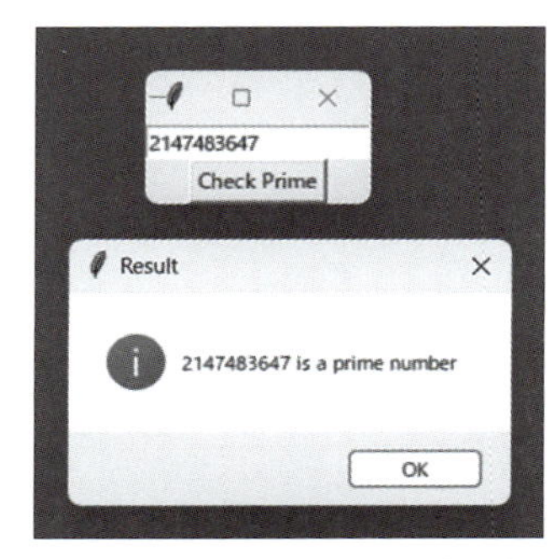

図 5.33　リスト 5.3 の実行例

ただし、ウインドウのサイズが小さ過ぎるので、少し大きくするように修正してもらいましょう。次の依頼文を入力してみます。

ウインドウのサイズを縦 200 ピクセル、横 300 ピクセルに変更してください

これで**図 5.34** のように、「check_button.pack()」の下に次の 2 行が追加されます。

```
# Set window size
root.geometry("300x200")
```

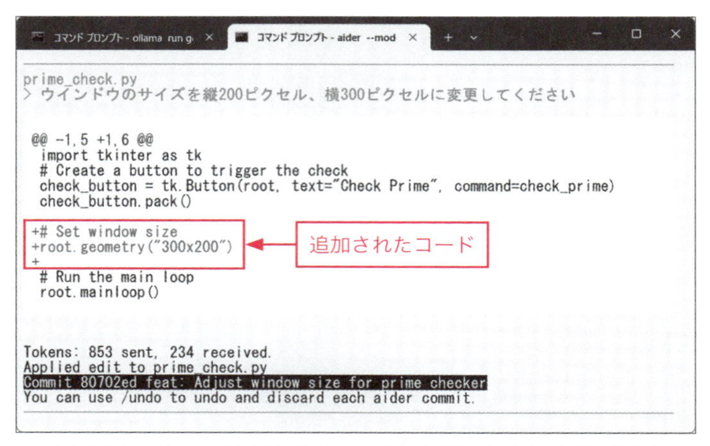

図 5.34　ウィンドウサイズの変更を依頼した実行結果の画面

リスト 5.3 の prime_check.py に上記の 2 行のコードを追加して実行すると、**図 5.35** のようにウインドウが大きくなりました。

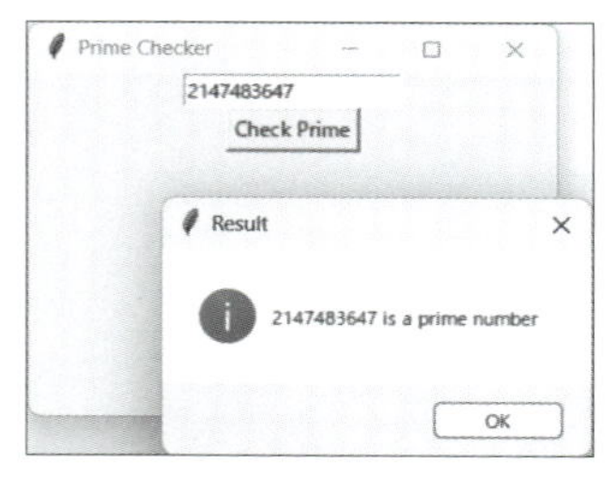

図 5.35　ウィンドウサイズを修正した「prime_check.py」の実行例

5.4 Pythonの仕組みと文法

ここまで見てきたように、紹介したツールを使うと、日本語による依頼だけで、ちゃんと動く Python のコードやプログラムを生成できました。生成したコードやプログラムは小規模なものですが、驚くべきことです。もっと高性能な LLM を使えば、より複雑で規模の大きなプログラムの生成も不可能ではないでしょう。とはいえ、生成されたプログラムが正しいものなのかどうかは、人間が判断しなければなりません。ですから、少なくとも生成されたプログラムが何を行っているのかを読み解くための知識は必要です。

そこで本節では、その最低限の知識として、Pythonの仕組みと文法の基礎を解説します。ただし、ページ数の制限があるので網羅的には説明できませんから、ここでは「**リスト5.4**のPythonプログラム『ollama_test.py』の意味を理解すること」を目標に、ポイントを絞って解説します。

リスト5.4 「ollama_test.py」の内容
Ollamaで動くGemma 2 2Bに質問して、返答を表示する。

```
import ollama

response = ollama.chat(model="gemma2:2b", messages=[   ─┐
  {                                                     │
    "role": "system",                                   │
    "content": "あなたは何でも丁寧に、短く答えてくれるアシスタントです"
  },                                                    │
  {                                                    (1)
    "role": "user",                                     │
    "content": "Pythonのリストと辞書の違いを説明してください"
  }                                                     │
])  ────────────────────────────────────────────────────┘

print(response["message"]["content"])
```

ollama_test.pyは、Ollamaで動くGemma 2 2Bに「Pythonのリストと辞書の違いを説明してください」と質問し、返答を表示するプログラムです。LLMを使う最も基本的なプログラムといえます。短いプログラムですが、この中にPythonのエッセンスが詰まっています。

プログラミング環境には、本章の5.1節で導入したPython 3.13.0を使います。また、ollama_test.pyはOllamaとGemma 2 2Bを利用するので、コマンド プロンプトで「ollama run gemma2:2b」を実行して、OllamaとGemma 2 2Bを起動しておきましょう。

Pythonのプログラムはライブラリの塊

まずは早速、コマンド プロンプトを立ち上げて、リスト 5.4 の ollama_test.py を実行してみましょう。

```
python ollama_test.py
```

すると、**図 5.36** のエラーになり、プログラムが動きません。エラーメッセージを読むと、1 行目の「import ollama」で「ModuleNotFoundError: No module named 'ollama'」（モジュールが見つからないエラー：ollama という名前のモジュールがない）が発生していることがわかります。

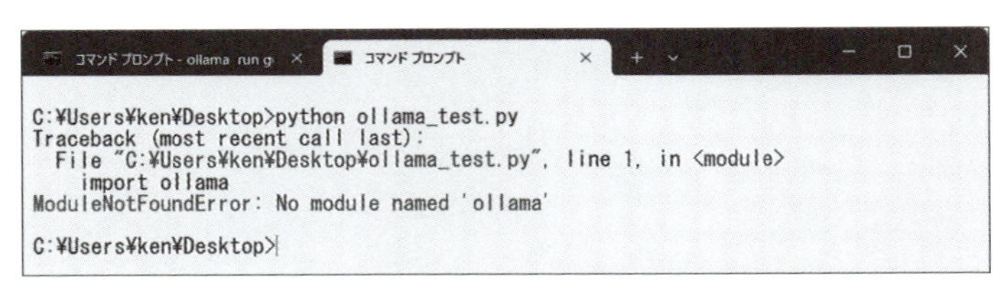

図 5.36　「ModuleNotFoundError」が発生した画面

この「ModuleNotFoundError」は、Python を使っていると頻繁に遭遇するエラーです。なぜなら、多くの Python プログラムは様々な「サードパーティーライブラリ」を利用して作られているからです。

ライブラリとは、「プログラムの部品をまとめたもの」です。あらかじめ用意されている様々なライブラリのおかげで、短いプログラムでも高度な処理を実現できるようになっています。プログラムを作成する際に「○○のような機能が必要だ」と思ったら、そのような機能を提供してくれるライブラリを LLM に質問するか、ネットで検索するのが基本です。とりわけ Python では高い確率で、希望する機能のライブラリが見つかります。

Python のライブラリは大別すると、次の 2 種類があります。

- 標準ライブラリ
- サードパーティーライブラリ

標準ライブラリは、Pythonの公式サイトから入手したインストーラーで導入したような“標準的なPythonの実行環境”には必ず付属するライブラリです。例えば、本章の5.1節で紹介したTkinterは標準ライブラリです。標準ライブラリは別途インストールすることなく、すぐに使えます。

一方、サードパーティーライブラリは標準的なPythonの実行環境には付属しないライブラリで、無数に存在します。サードパーティーライブラリを使うプログラムを実行する際は、事前にそのライブラリをインストールする必要があります。図5.36でエラーが出たのは、サードパーティーライブラリであるollamaライブラリを事前にインストールしていないからです。

サードパーティーライブラリのインストールは、本章の5.1節で紹介した「pip」コマンドを使って行います。では、ollamaライブラリをインストールしましょう。次のコマンドを実行します。


```
pip install ollama
```

図5.37のようにインストールされました。

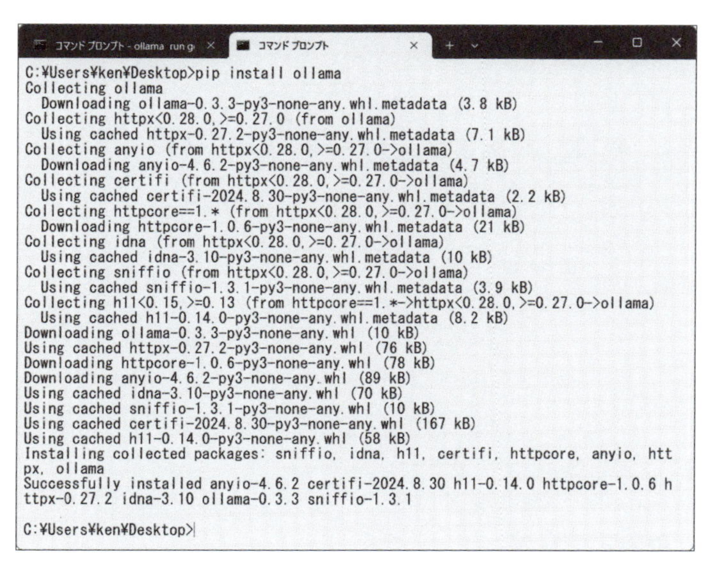

図5.37　ollamaライブラリのインストールを実行した画面

この ollama ライブラリの詳細は次の Web ページで確認できます。

```
https://pypi.org/project/ollama/
```

再度、「python ollama_test.py」を実行してみましょう。今度はエラーは発生せず、プログラムは問題なく動きました。**図 5.38** のように「Python のリストと辞書の違いを説明してください」という質問への返答が表示されます。

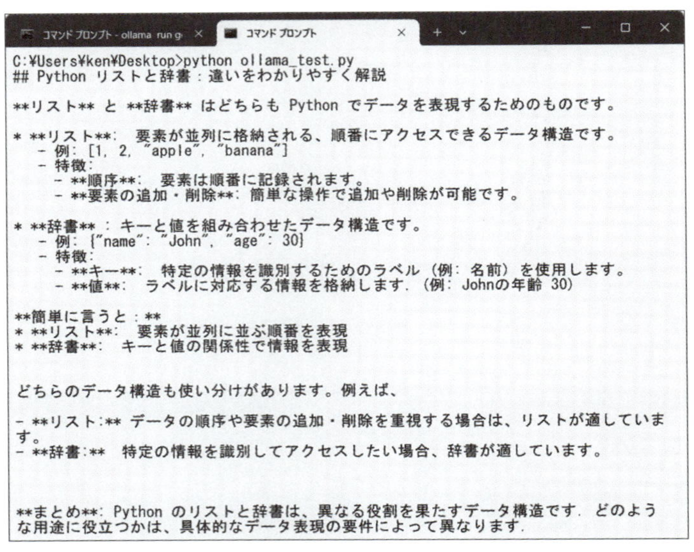

図 5.38 「ollama_test.py」の実行結果

リスト 5.4 の内容を見ていきましょう。ollama をプログラムで利用するためのコードが、1 行目の「import ollama」です。これは「import 文」と呼ばれるもので、import という命令に続けてそのプログラムで利用するライブラリを指定し、ライブラリを“インポート”します。

関数名と引数と戻り値

次に、リスト 5.4 の（1）のコードを見てください。これは、ざっくり言うと、Ollamaに「Pythonのリストと辞書の違いを説明してください」と質問し、返答を受け取るコードです。複雑に見えますが、**図5.39**のような三つの部分、つまり、「関数名」「引数」「戻り値を格納する変数」に分けられます。そして、関数名と引数で「関数」を構成します。


```
response = ollama.chat(model="gemma2:2b", messages=[
  {
    "role": "system",
    "content": "あなたは何でも丁寧に、短く答えてくれるアシスタントです"
  },
  {
    "role": "user",
    "content": "Pythonのリストと辞書の違いを説明してください"
  }
])
```

図5.39　リスト5.4の（1）のコードの解説
このコードは、「関数名」「引数」「戻り値を格納する変数」に分けられる。

関数名の「ollama.chat」は、「ollamaライブラリが提供するollamaオブジェクトが持つchat関数」という意味です。オブジェクトとは、プログラムを構成する部品のことです。

chat関数は、引数の内容を読み取って、Ollamaに質問してくれます。さらに、Ollamaからの返答を受け取ることも、chat関数はやってくれます。受け取った返答のデータは、戻り値として返します。リスト5.4では、変数responseに戻り値（返答のデータ）を格納しています。

組み込み関数

ollama_test.pyの最後の1行である「print(response["message"]["content"])」は、「変数responseに格納されたデータの一部をprint関数で画面に表示する処理」になります。その結果が図5.38のような文章なのです。

ここで、print関数には先ほどのchat関数のように「ollama.」といった文字列が付いていない点に注目してください。これはprint関数が「組み込み関数」という特別な関数だからです。print関数のような組み込み関数は、ライブラリが提供しているものではなく、Python という言語に組み込まれています。ですから、プログラムのどこででも使えます。Python 3.13.0 には、71 個の組み込み関数があります。

リストと辞書

話を図 5.39 の引数に戻しましょう。「model="gemma2:2b"」は、引数 model に "gemma2:2b" という「文字列」を設定するコードです。Python では、「"」や「'」で囲むことで、文字列のデータを表現します。

同様に、「messages=[…]」は、引数 messages に […] で記述した内容を設定するコードです。この […] の部分は、「リスト」と「辞書」の組み合わせになっています。Python には複数のデータをまとめて扱うための仕組みがいくつか用意されていますが、その中で最もよく使われるのが、リストと辞書です。

ここからは、Python の「対話モード」を使いながら説明しましょう。コマンド プロンプトで「python」とだけ入力し、対話モードを起動します。対話モードでは、表示されている「>>>」の後に、Python のコードを 1 行入力して、即座に実行できます（**図 5.40**）。つまり、1 行単位で実行できます。エラーがあればすぐにわかります。

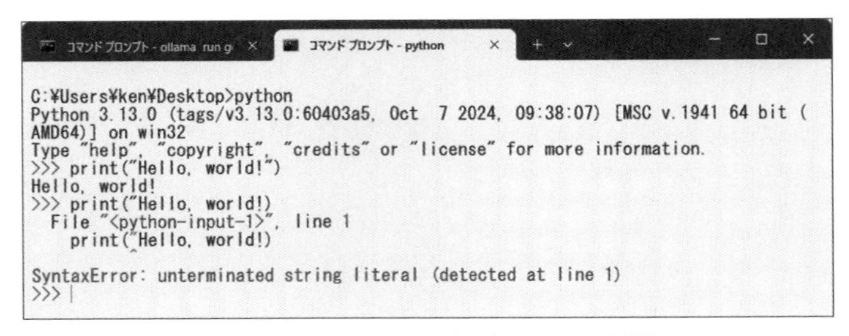

図 5.40　Python の対話モードの画面

では、図 5.38 の中に書かれている例のように、1、2、"apple"、"banana" という 4 個のデータをリストでまとめてみましょう。対話モードで次のように入力します。

```
>>> list_a = [1, 2, "apple", "banana"]
```

このようにリストは、データを「,」で区切って並べ、[ ] で囲みます。リストの特徴は、**図 5.41** のようにデータに順番があることです。

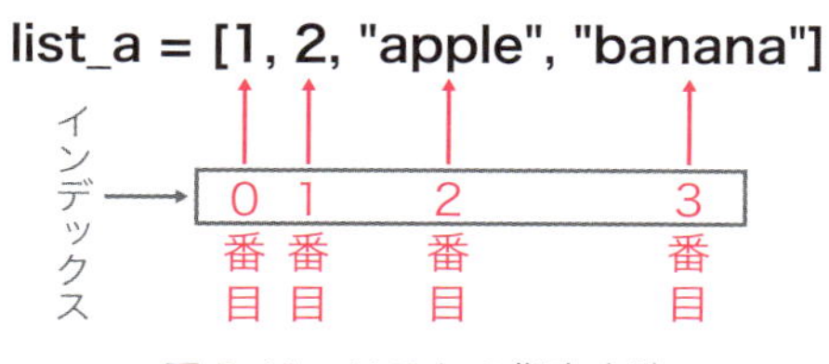

図 5.41　リストの指定方法
リストは、データを0番から始まる順番で管理する。

そして、「リストの変数 [インデックス]」と記述することで、0 から始まるインデックスで指定したデータにアクセスできます。対話モードで、次のコードを実行してみましょう（コードの下は実行結果です）。

```
>>> print(list_a[0])
1
>>> print(list_a[2])
apple
```

一方、辞書はインデックスではなく、データ（値）にひも付けた「キー」でデータを管理します。対話モードで、図 5.38 の中に書かれている例の辞書を作ってみましょう。

```
>>> dict_a = {"name": "John", "age": 30}
```

この辞書では、"John" というデータを "name" というキーで、30 というデータを "age" というキーで管理しています（**図 5.42**）。辞書では、キーとデータのペアを「キー : データ」と書き、各ペアを「,」で区切って並べて、{ } で囲みます。

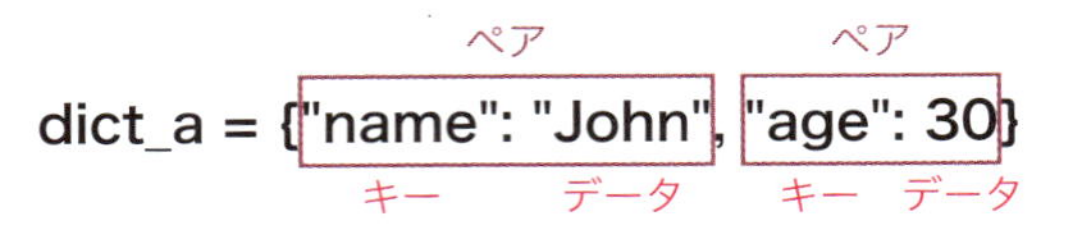

図 5.42　辞書は、キーでデータを管理する

辞書では「辞書の変数 [キー]」と記述することで、そのキーに対応するデータにアクセスできます。

```
>>> print(dict_a["name"])
John
>>> print(dict_a["age"])
30
```

これで、引数 messages に設定された […] の構造が見えてきましたね。[…] の部分は、「二つの辞書のデータが格納されたリスト」なのです。また、"role" と "content" は辞書のキーで、"system" や " あなたは何でも丁寧に、…" はキーが管理するデータです。

ここまでの解説で、リスト 5.4 の最後の行にある「response["message"]["content"]」の意味もわかるでしょう。response は辞書が格納された変数で、その辞書は**図 5.43** の構造になっています。

```
{
  "model": "gemma2:2b",
  "created_at": (略),
  "message": {"role": "assistant",
              "content": LLMの返答文の文字列},
  (略：キーとデータのペアが並ぶ)
}
```

図 5.43　「response」に格納された辞書の構造

つまり、表示したい LLM の返答文の文字列を取得するには、「キー "message"

が管理する辞書にある、キー"content"が管理するデータ」にアクセスすることになります。これをコードで書くと、response["message"]["content"]になるわけです。

Pythonの学習時は対話モードの利用がオススメです。コードを1行ずつ実行することで、各機能の挙動がよくわかるようになるでしょう。

第6章

ローカルLLMを活用（その3）LLMの回答を読み上げる

日経ソフトウエア　著

Pythonを使うと、異なる種類のソフトウエアを比較的容易に連携させることができます。その例として、第6章ではOllamaとGemma 2 2Bで構築したローカルLLMと、音声読み上げライブラリの「VOICEVOX CORE」と音声ライブラリの「ずんだもん」を組み合わせて、LLMの返答文を読み上げるプログラムを作ってみます。また、Tkinterも組み合わせて、そのプログラムのGUI版も作ってみます。

VOICEVOX COREは、非常に自然な発音とイントネーションで読み上げる音声を生成できるライブラリです。ずんだもんは、YouTubeなどで人気のある音声読み上げキャラクターです。VOICEVOX COREとずんだもんで生成した音声は、「VOICEVOX: ずんだもん」とクレジットを記載することで、商用／非商用の利用が可能です。

ここで利用するソフトウエアをまとめると、次のようになります。

ローカルLLM ：Ollama、Gemma 2 2B
音声読み上げ ：VOICEVOX CORE、ずんだもん
GUI ：Tkinter

Ollamaのインストール方法は第3章の3.2節を、Gemma 2 2Bのインストール方法は第5章の5.1節を参照してください。また、Pythonの実行環境も必要です。インストール方法は、Gemma 2 2Bと同じ第5章の5.1節を参照してください。

インストール完了後は、コマンド プロンプトで「ollama run gemma2:2b」を実行して、OllamaとGemma 2 2Bを起動しておきます。

6.1 VOICEVOX COREとずんだもんを導入

VOICEVOX COREとずんだもんを導入しましょう。次のURLにあるVOICEVOX COREのWebページにアクセスします。

```
https://github.com/VOICEVOX/voicevox_core/releases
```

表示される Web ページの「Assets」の項目から必要なファイルをダウンロードします。「Show all 27 assets」をクリックしてすべてのファイルを表示しましょう（**図 6.1**）。

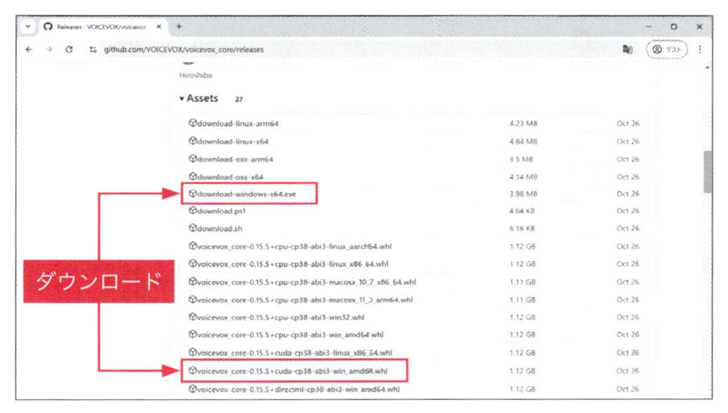

図 6.1　Assets の項目を展開した画面

「download-windows-x64.exe」と「voicevox_core-0.15.5+cuda-cp38-abi3-win_amd64.whl」をダウンロードする。

米 NVIDIA 製の GPU を搭載する Windows 11 パソコンに導入する場合は、Assets の項目にある「download-windows-x64.exe」と「voicevox_core-0.15.5+cuda-cp38-abi3-win_amd64.whl」をダウンロードします。前者は、必要なファイルをダウンロードするプログラムで、後者は「wheel」と呼ばれる形式のライブラリのファイルです。

ダウンロードしたら、二つのファイルを適当なフォルダーに移します。その後、まずは download-windows-x64.exe を実行します。これで必要なファイルのダウンロードが始まり（**図 6.2**）、しばらくすると終了します。

6章

```
C:¥Users¥ken¥Desktop¥downl
s 00:00:23 ▌                     9%
voicevox_core-windows-x64-cpu-0.15.4.zip                 102.79 MiB    2.86 MiB/
s 00:00:23 ▌                     9%
voicevox_core-windows-x64-cpu-0.15.4.zip                 102.79 MiB    2.86 MiB/
s 00:00:23 ▌                     9%
voicevox_core-windows-x64-cpu-0.15.4.zip                 103.11 MiB    2.57 MiB/
s 00:00:23 ▌                     9%
voicevox_core-windows-x64-cpu-0.15.4.zip                 103.11 MiB    2.57 MiB/
s 00:00:23 ▌                     9%
voicevox_core-windows-x64-cpu-0.15.4.zip                 103.64 MiB    2.40 MiB/
s 00:00:23 ▌                     10%
voicevox_core-windows-x64-cpu-0.15.4.zip                 103.64 MiB    2.40 MiB/
s 00:00:23 ▌                     10%
voicevox_core-windows-x64-cpu-0.15.4.zip                 104.08 MiB    2.45 MiB/
s 00:00:23 ▌                     10%
voicevox_core-windows-x64-cpu-0.15.4.zip                 104.08 MiB    2.45 MiB/
s 00:00:23 ▌                     10%
voicevox_core-windows-x64-cpu-0.15.4.zip                 104.53 MiB    2.45 MiB/
s 00:00:23 ▌                     10%
voicevox_core-windows-x64-cpu-0.15.4.zip                 105.01 MiB    2.53 MiB/
s 00:00:23 ▌                     10%
voicevox_core-windows-x64-cpu-0.15.4.zip                 105.56 MiB    2.56 MiB/
s 00:00:24 ▌                     10%
open_jtalk_dic_utf_8-1.11.tar.gz                          16.93 MiB    1.24 MiB/
s 00:00:23 ███████████████       75%
```

図 6.2 「download-windows-x64.exe」ファイルをダブルクリックすると表示される実行画面

ダウンロードしたファイルは、作成された「voicevox_core」フォルダーに格納されます（**図 6.3**）。

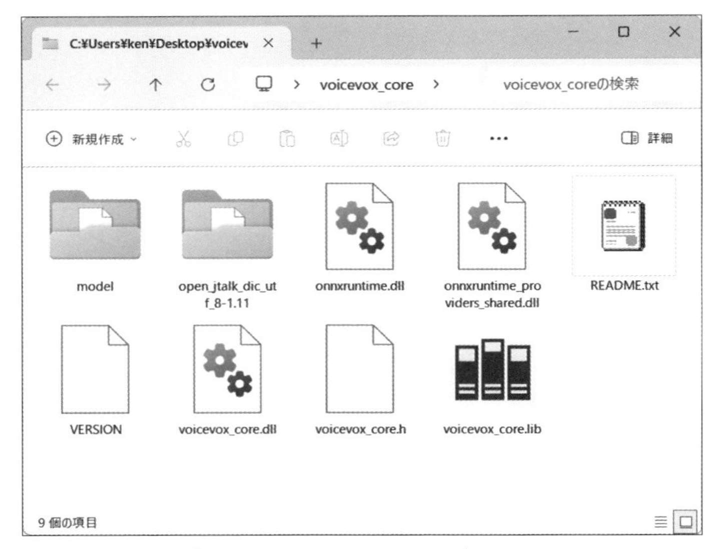

図 6.3 「voicevox_core」フォルダーを開いた画面

次に、コマンド プロンプトで voicevox_core-0.15.5+cuda-cp38-abi3-win_amd64.whl のあるフォルダーに移動してから、次のコマンドでこのライブラリをインストールします（**図 6.4**）。

```
pip install voicevox_core-0.15.5+cuda-cp38-abi3-win_amd64.whl
```

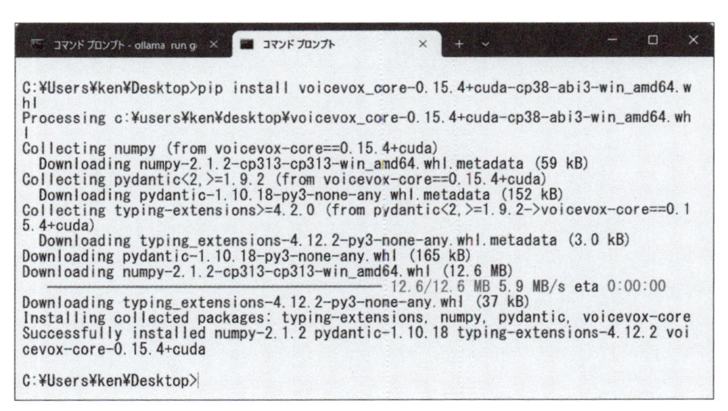

図 6.4 「voicevox_core-0.15.5+cuda-cp38-abi3-win_amd64.whl」のインストールを実行した画面

VOICEVOX CORE とずんだもんの導入はこれで完了です。続いて次のコマンドを実行し、音声ファイルの再生で必要になる「soundfile」と「sounddevice」という二つのライブラリをインストールします。

```
pip install soundfile
pip install sounddevice
```

これでプログラムを作るための準備が整いました。

LLMの返答文をずんだもんが読み上げるプログラムを作成する

LLM の返答文をずんだもんが読み上げるプログラムを作りましょう。これは、**リスト 6.1** の「ollama_voicevox_test.py」になります。ollama_voicevox_ test.py は、voicevox_core フォルダーの中に配置します。このプログラムは、第 5 章のリスト 5.4 の ollama_test.py を若干修正して、音声読み上げの機能を追加したものです。

リスト 6.1 「ollama_voicevox_test.py」の内容
LLMの返答をずんだもんが読み上げるプログラム。「voicevox_core」フォルダーに配置する。

```
import ollama
from pathlib import Path
from voicevox_core import VoicevoxCore
import soundfile as sf
import sounddevice as sd

response = ollama.chat(model="gemma2:2b", messages=[
  {
    "role": "system",
    "content": "あなたは何でも丁寧に、短く答えてくれるアシスタントです"
  },
 {
    "role": "user",
    "content": "生成AIの未来はどうなりますか？"
  }
])
response_text = response["message"]["content"]
print(response_text)
print("クレジット表記  VOICEVOX:ずんだもん ¥n")

vv_core = VoicevoxCore(open_jtalk_dict_dir=Path("open_jtalk_dic_utf_
8-1.11"))
speaker_id = 1   # ずんだもん
vv_core.load_model(speaker_id)
voice_data = vv_core.tts(response_text, speaker_id)
with open("output.wav", "wb") as f:
  f.write(voice_data)

data, samplerate = sf.read("output.wav")
sd.play(data, samplerate)
sd.wait()
```

音声読み上げは、次のような２段階で実現しています。

> (1) VOICEVOX CORE ライブラリが、ずんだもんによる音声読み上げが録音された音声ファイル（output.wav）を生成する。
> (2) soundfile/sounddevice ライブラリが、(1) で生成された音声ファイルを再生する。

コマンド プロンプトで voicevox_core フォルダーに移動したら、「python ollama_voicevox_test.py」と入力して、プログラムを実行してみましょう。

図 6.5 に実行例を示します。残念ながら誌面では伝わりませんが、図 6.5 のように返答文が表示されてからしばらく待つと、ずんだもんが表示された返答文を自然な音声で読み上げてくれます。

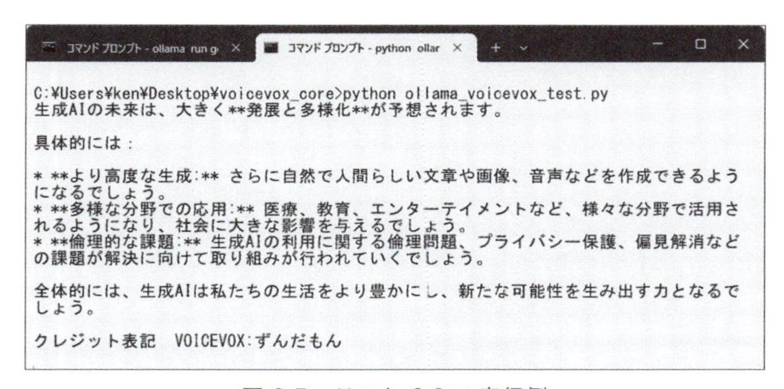

図 6.5　リスト 6.1 の実行例

6.2 GUI版のプログラムを作る

続いて、Tkinter を利用して、LLM の返答文をずんだもんが読み上げるプログラムの GUI 版を作ります。GUI 版では、質問文を入力できるようにしましょう。

このプログラムでは、次の GUI の部品が必要です。

・ボタン
・クレジットを表示するための GUI の部品
・質問文を入力するための GUI の部品
・返答文を表示するための GUI の部品

そこで、Ollama と Gemma 2 2B に、具体的にはどのような GUI の部品を使えばよいのかを質問してみます。「ollama run gemma2:2b」と実行し、入力ラインに次の質問文を入力します。

Tkinter で、ボタンの GUI の部品、短いテキストの GUI の部品、テキストを入力するための GUI の部品、長いテキストを表示するための GUI の部品を教えてください。日本語で返答してください

すると、**図6.6**のように教えてくれました。これを読むと、ボタンは「Button」、クレジットを表示するための GUI の部品（短いテキストの GUI の部品）は「Label」、質問文を入力するための GUI の部品は「Entry」、返答文を表示するための GUI の部品は「ScrolledText」を使えばよいことがわかりました。ちなみに、Tkinter では GUI の部品のことを「ウィジェット」と呼んでいます。

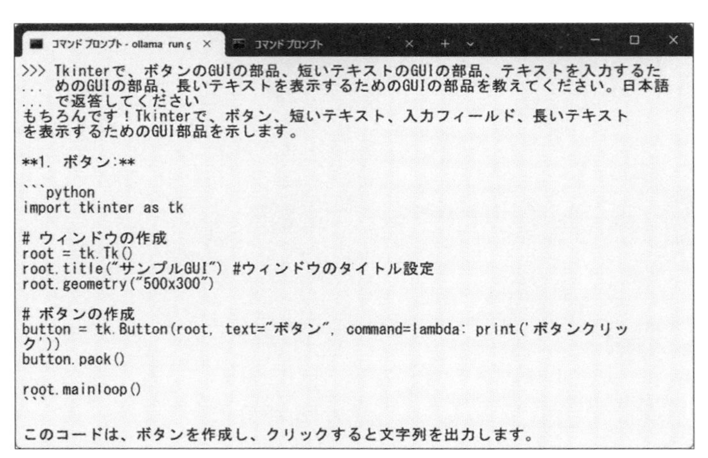

図 6.6 「Tlinter」で GUI アプリを作成するのに必要な部品を質問したときの返答文

また、GUIが"固まる"現象をなるべく防ぐために、Ollamaへの質問から音声読み上げまでの処理を、プログラムのメインスレッドから独立したスレッドで動かすことにします（**図6.7**）。

Tkinterでスレッドを使うサンプルコードを示してください。日本語で返答してください

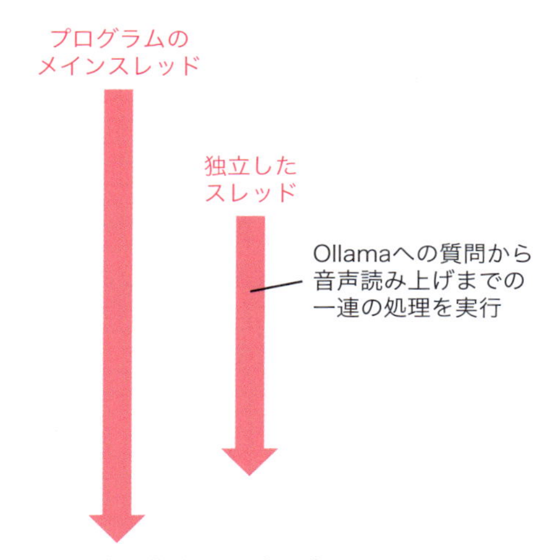

図6.7　今回作成するプログラムのスレッドの構成

Ollamaと Gemma 2 2Bにスレッドの使い方の例を示してもらいましょう。次の質問文を入力します。

これに対しては、**図6.8**のコードを示してくれました。threadingライブラリを使って、「threading.Thread(target=スレッドで実行したい関数)」のようなコードを書けばよいことがわかりました。

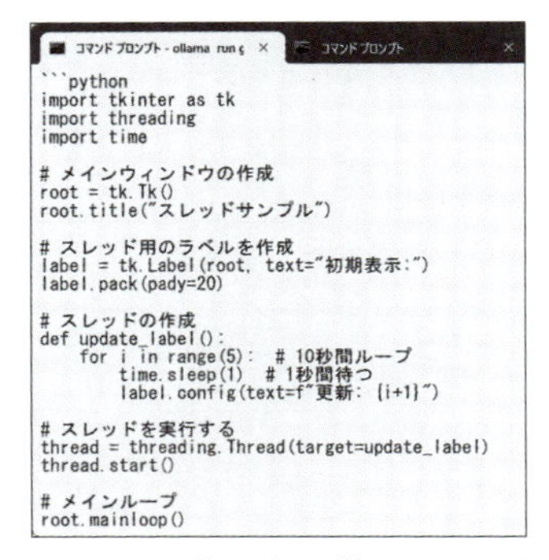

~~~
```python
import tkinter as tk
import threading
import time

# メインウィンドウの作成
root = tk.Tk()
root.title("スレッドサンプル")

# スレッド用のラベルを作成
label = tk.Label(root, text="初期表示:")
label.pack(pady=20)

# スレッドの作成
def update_label():
    for i in range(5):  # 10秒間ループ
        time.sleep(1)  # 1秒間待つ
        label.config(text=f"更新: {i+1}")

# スレッドを実行する
thread = threading.Thread(target=update_label)
thread.start()

# メインループ
root.mainloop()
~~~

図 6.8　スレッドの使い方を質問したときの返答文

では、プログラムを作りましょう。これは、**リスト 6.2** の「ollama_voicevox_gui_test.py」になります。このプログラムは、図 6.6 や図 6.8 を参考にしながら、ollama_voicevox_test.py を改造して作ったものです。4 個のウィジェットで画面を構成しています。また、Ollama への質問から返答の読み上げまでを行う inference_and_voice 関数を作り、独立したスレッドで実行しています。ollama_voicevox_gui_test.py も、voicevox_core フォルダーに配置します。

リスト 6.2 「ollama_voicevox_gui_test.py」の内容
LLMの返答をずんだもんが読み上げるプログラムのGUI版。voicevox_coreフォルダーに配置する。

```
import ollama
from pathlib import Path
from voicevox_core import VoicevoxCore
import soundfile as sf
import sounddevice as sd
import tkinter as tk
from tkinter import scrolledtext
import threading

# Ollama への質問から返答の読み上げまでを行う関数
# 独立したスレッドで動かす
def inference_and_voice():
```

```
    button.configure(state=tk.DISABLED)    # ボタンを無効化
    text.delete(0., tk.END)    # ScrolledText ウィジェットの中身を消す
    # Entry ウィジェットから入力された質問文を取得
    input_text = entry.get()

    # Ollama + Gemma 2 2B へ質問
    response = ollama.chat(model="gemma2:2b", messages=[
      {
        "role": "system",
        "content": "あなたは何でも丁寧に、短く答えてくれるアシスタントです"
      },
      {
        "role": "user",
        "content": input_text
      }
    ])
    response_text = response["message"]["content"]    # 返答を取得
    print(response_text)                    # 返答を表示
    text.insert(0., response_text)    # 返答を ScrolledText ウィジェットに表示

    # 読み上げの音声を生成する処理
    vv_core = VoicevoxCore(open_jtalk_dict_dir=Path("open_jtalk_dic_utf_8-1.11"))
    speaker_id = 1    # ずんだもん
    vv_core.load_model(speaker_id)
    voice_data = vv_core.tts(response_text, speaker_id)
    with open("output.wav", "wb") as f:    # 音声ファイルを作成
      f.write(voice_data)
    # 作成した音声ファイルを再生する
    data, samplerate = sf.read("output.wav")
    sd.play(data, samplerate)
    sd.wait()
    button.configure(state=tk.NORMAL)    # ボタンを有効化

# ボタンが押されたときに実行する関数
def button_clicked():
    # 独立したスレッドで inference_and_voice 関数を実行
    thread = threading.Thread(target=inference_and_voice, daemon=True)
    thread.start()

# GUI の作成
root = tk.Tk()
root.title("LLM の返答をずんだもんが読み上げるプログラム")
```

```
# クレジット表記のための Label ウィジェットを作る
credit = tk.Label(root, text="クレジット表記　VOICEVOX:ずんだもん")
credit.pack(pady=(10, 5))

# 質問文を入力するための Entry ウィジェットを作る
entry = tk.Entry(root, width=90)
entry.pack(pady=(5, 5))

# ボタンを Button ウィジェットで作る
button = tk.Button(root, text="質問する", command=button_clicked)
button.pack(pady=(5, 5))

# 返答文を表示するための ScrolledText ウィジェットを作る
text = scrolledtext.ScrolledText(root, width=80, height=15)
text.pack(pady=(5, 5))

root.geometry("600x330")    # ウインドウのサイズを設定

root.mainloop()
```

コマンド プロンプトで「python ollama_voicevox_gui_test.py」と入力してプログラムを実行しましょう。**図 6.9** に実行例を示します。質問文を入力後、「質問する」ボタンをクリックして少し待つと、ずんだもんが返答文を自然な音声で読み上げてくれます。

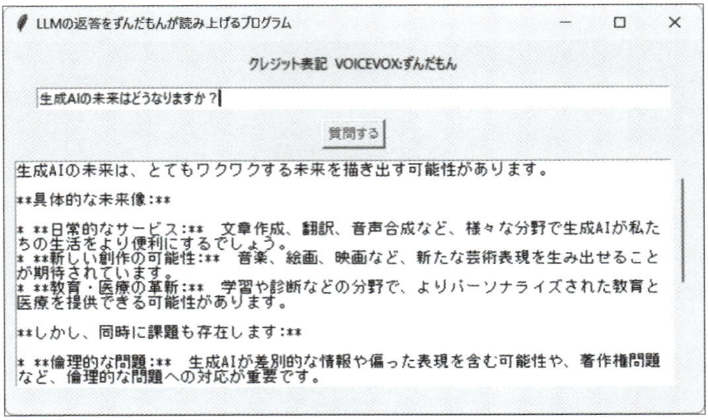

図 6.9　リスト 6.2 の実行例

本章で紹介したように、Python であれば、用意されている様々なライブラリを組み合わせることで、ローカル LLM を活用する面白いプログラムを簡単に作れてしまいます。皆さんもぜひ、そのようなプログラムの作成にチャレンジしてみてください。

閑話休題

本文ではライブラリと Python のプログラムを使いましたが、手っ取り早くずんだもんに文章を読み上げさせたい場合は、VOICEVOX のアプリケーション（**図 A**）を使いましょう。次の URL からインストーラーをダウンロードできます。

```
https://voicevox.hiroshiba.jp/
```

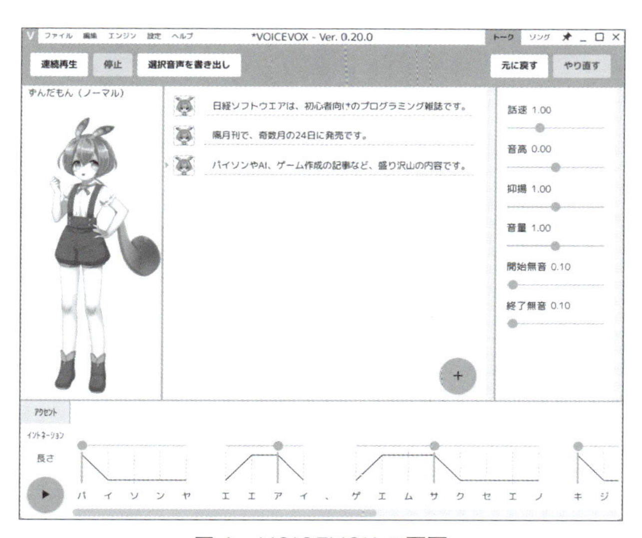

図 A　VOICEVOX の画面

VOICEVOX は、Windows 用、Mac 用、Linux 用があります。「VOICEVOX:ずんだもん」とクレジットを表記することで、商用／非商用で利用できます。

第7章
ローカルLLMが快適に使える最適なパソコンを自作しよう

滝 伸次（ライター） 著

7.1 自作なら高性能なパソコンを低価格に入手可能

最近はノート型が主流になっているパソコンですが、デスクトップ型を自分で組み立てる「パソコン自作」も根強い人気を誇っています。最大の理由は、すべてのパーツを自由に選べるため、予算や目的に応じて、自分の思い描く理想のパソコンを実現できることにあります（**図 7.1**）。

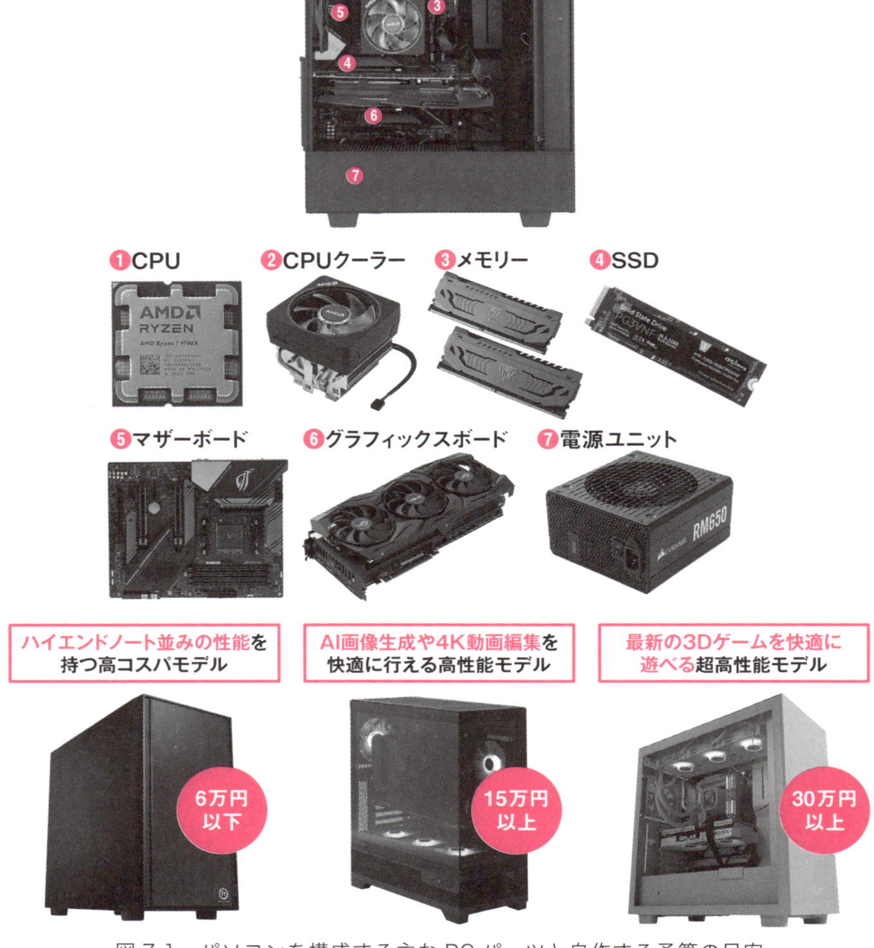

図 7.1　パソコンを構成する主な PC パーツと自作する予算の目安

機能を拡張したり、性能を強化したりしながら長く使えることも自作パソコンのメリットです（**図 7.2**）。メーカー製のパソコンの場合、補修部品の保持期間の問題などもあり、寿命は長くても 6 年程度といえます。一方、自作パソコンは性能の強化や故障時の修理などが容易なため、10 年以上使うことも可能となっています。

■PCパーツの交換の可否

PCパーツ	メーカー製ノート	メーカー製デスクトップ	自作パソコン
CPU	✕	△（機種による）	◎
CPUクーラー	✕	△（機種による）	◎
メモリー増設・交換	△（機種による）	△（機種による）	◎
マザーボード	✕	基本的に✕	◎
グラフィックスボード	✕[*a]	△（機種による）	◎
SSD/HDD増設・交換	△（機種による）	△（機種による）	◎
PCケース	✕	基本的に✕	◎
電源ユニット	✕	基本的に✕	◎
次世代インタフェースの追加	✕	対応するPCIe スロットがあれば○[*b]	対応するPCIe スロットがあれば○[*b]

*a　Thunderbolt 3/4 端子があれば外付けBOXでグラフィックスボードを増設可能
*b　Thunderbolt 4（40Gbps）にはPCIe 3.0 x4 以上のスロットが必要

図 7.2　PC パーツの交換可否で比較した自作パソコンとメーカー製パソコンの違い

高性能かつ長く使えるパソコンが必要な人にとって、自作パソコンはまさに最適解といえるでしょう。これまでパソコンを自作したことのない人でも、チャレンジしてみる価値はあります。

パソコンの自作と聞くと「難しそう」と思うかもしれません。けれども、実はそうでもありません（**図 7.3**）。主な作業といえば、買いそろえたパーツを、PC ケースにねじ留めしたり、マザーボードのスロットに装着したり、ケーブルで接続したりするだけです。電気回路に関する特別な知識などは必要なく、初心者でも容易に取り組むことができます。

図 7.3　自作の主な作業は「ねじ留め」「ケーブル接続」「スロット装着」

メーカー製のパソコンと比べたとき、保証が気になるという人もいるかもしれませんが、心配はいりません（**図 7.4**）。購入したパーツのメーカー、あるいは販売代理店の保証が、少なくとも 1 年以上は付いているからです。故障した場合、保証期間内なら無料で交換してもらえます。

図 7.4　PC パーツに付いている製品保証の一例

パソコンの自作に必要なパーツ（PC パーツ）は、パソコンショップや PC パーツの専門店、家電量販店（大型店舗）とその通販サイト、Amazon などの通販専門サイトなどで購入できます（**図 7.5**）。

図 7.5　パソコンの自作に必要な PC パーツの主な入手先

パーツ選びに迷ったときは、ショップの店員に相談してみるとよいでしょう。「動画を編集したい」「ローカル LLM を動かしたい」「画像生成 AI を使いたい」といったパソコンの用途と予算を伝えれば、プロが適切なアドバイスをしてくれます。店舗によっては、Web サイトや電話でも相談も受け付けています。

パソコンの自作は処理性能を追求できる点が魅力

デスクトップ型パソコン向けの高性能な CPU などを使用して、より高速な処理性能を追求できる点も、パソコンを自作する魅力の一つになっています。例えばノート型の場合、CPU の発熱を抑えるために動作周波数（クロック）を低くする必要があります。一方、デスクトップ型ではそういった制約は少なくなっています。

大型の CPU クーラーで冷やすことを前提としたデスクトップ向け CPU は、ノート向け CPU に比べると格段に高性能です。例えば、同じ Zen 5 アーキテクチャーを採用し、同じコア数を持つ二つの米 AMD 製 Ryzen についてベンチマークテスト「CINEBENCH 2024」を実施してみると、マルチコアの演算性能においてデスクトップ向けがノート向けをはるかに上回りました（**図 7.6**）。つまり、同程度の予算であれば、自作した方が高性能なパソコンを手にできるというわけです。

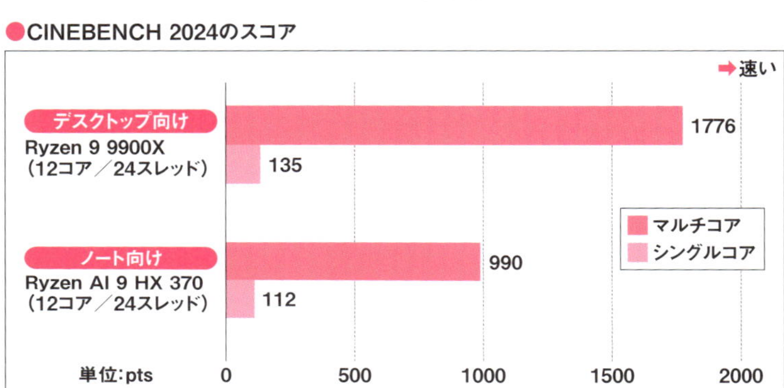

図 7.6　デスクトップ向け CPU とノート向け CPU の性能比較

グラフィックスの処理性能も同様です。デスクトップ型パソコンを自作すれば、大型で高性能なグラフィックスボードを搭載できます。これにより、ゲーミング性能や AI 処理性能についても、ノート型よりもはるかに強化することができます（**図 7.7**）。

図 7.7　大型で高性能なグラフィックスボードを利用するメリット

AI といえば、最近はノート向け CPU（統合型プロセッサー）に内蔵されている「NPU」が話題となっています。NPU とは、AI 関連の処理を担う演算装置のことです。しかし、AI 処理は NPU の専売特許ではありません。グラフィックスボードに搭載されている「GPU」も、AI 処理の中心的な役割を担っています。その処理性能は、ノート向け CPU が内蔵する NPU を格段に上回っています（**図 7.8**）。

AI処理性能の目安 ＝ TOPS（1秒間に何兆回の演算が可能かを示す指標）

●グラフィックスボードのGPUのAI処理性能

メーカー	GPU	GPUのAI処理性能
NVIDIA	GeForce RTX 40シリーズ	242～1321TOPS
AMD	Radeon RX 7000シリーズ	64～192TOPS

●CPU（統合型プロセッサー）搭載NPUのAI処理性能

メーカー	プロセッサー	NPUのAI処理性能
AMD	Ryzen AI 300シリーズ	50TOPS
インテル	Core Ultra 200Vシリーズ	48TOPS
クアルコム	Snapdragon Xシリーズ	45TOPS

NVIDIA
グラフィックスボードのGPU、特にNVIDIAの最新GPUのAI処理性能は格段に高い

図 7.8　主要なメーカーの GPU または NPU の TOPS

AI 処理性能が本当に高いパソコンが必要であれば、大容量の VRAM（ビデオメモリー）を搭載した高性能グラフィックスボードを組み込んだパソコンを自作するのがお勧めといえます（**図 7.9**）。

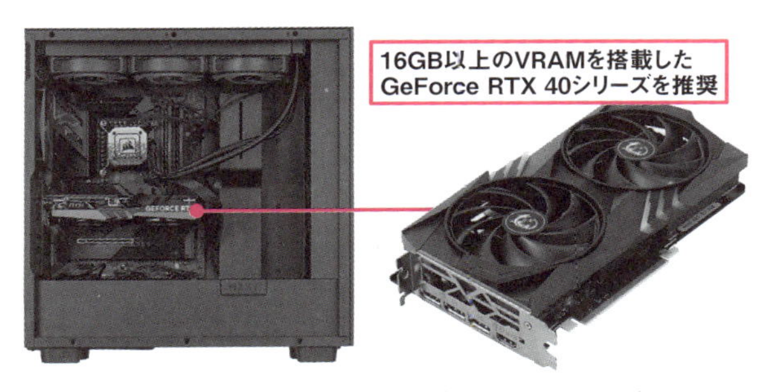

図 7.9　高性能 AI パソコンにお勧めのグラフィックスボードのスペック

7章

なお、米Microsoftは「Copilot+ PC」と呼ぶAIパソコンを提唱しています。これは、Windows 11に搭載される最新のAI機能が使えるパソコンのことです。このCopilot+ PCを自作することは、現状ではできません（**図7.10**）。Copilot+ PCのハードウエア要件である「40TOPS以上のNPU」を搭載するデスクトップ向けのCPUが存在しないからです。けれども、Copilot+ PCの利点は、Windows 11特有のAI機能が動くことだけです。現状はあまり魅力的とはいえず、Copilot+ PCにならなくても特に問題はありません。

Copilot+ PCのハードウエア要件 ＝ 40TOPS以上のNPUを内蔵

●自作パソコン用CPU（統合型プロセッサー）のNPUの性能

メーカー	CPU	内蔵NPUのAI処理性能
インテル	Core Ultra 200Sシリーズ	13TOPS
インテル	第13/14世代Coreシリーズ	NPU非搭載
AMD	Ryzen 9000シリーズ	NPU非搭載
AMD	Ryzen 8000シリーズ	16TOPS
AMD	Ryzen 7000シリーズ	NPU非搭載

現状、40TOPS以上のNPUを内蔵する自作パソコン用CPUはない

■自作パソコンでは利用できない「Copilot+ PC」のAI機能

コクリエーター（画像の自動生成）

リコール（操作画面の自動保存、検索）

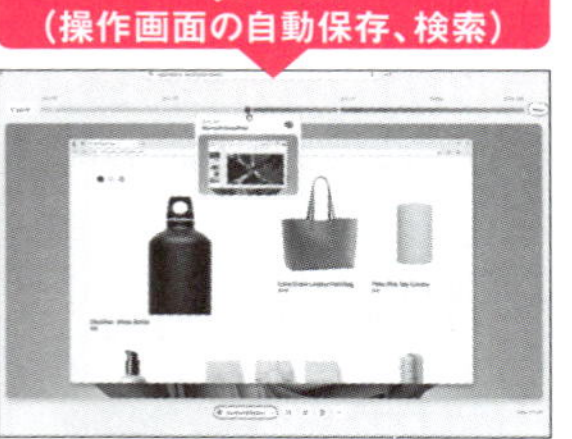

ライブキャプション（自動翻訳&字幕表示）

図7.10　現状「Copilot+ PC」を自作できない理由と利用できないAI機能

今後はAI処理性能の高いパソコンが求められる

AI処理性能を高めた自作パソコンには、どんな利点があるでしょうか。例えば、「Stable Diffusion」などの画像生成AIアプリをローカルで動かして、自分好みの画像を自由に生成できるようになります。

これまで、AIを利用するアプリの多くは、クラウド上のサーバーで処理されていました。その場合、個人的なデータや機密情報がサーバーから漏洩して

しまう恐れもあります。そのため、今後はプライバシー保護やセキュリティの観点から、ローカルでデータを処理するアプリが増えると目されています（**図7.11**）。

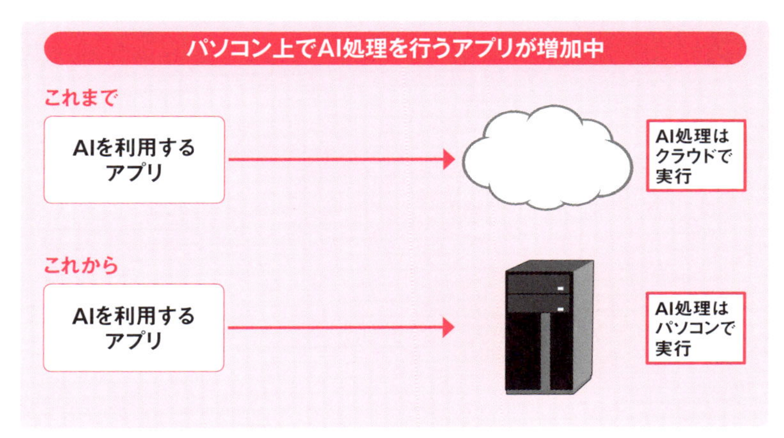

図 7.11　AI を利用するアプリに求められる動作環境の変化

例えば、高性能なグラフィックスボードを組み込んでAI処理性能の高いパソコンを自作すれば、例えば画像生成AIのStable Diffusionをローカルで動かして、プライバシーを守りつつ、自分好みの画像を制限なく生成できるようになります（**図7.12**、**表7.1**）。

図 7.12　自作パソコンで画像生成 AI の Stable Diffusion を動かすメリット

パーツ	推奨スペック
CPU	AMD Ryzen 5以上またはインテル Core i5以上
グラフィックスボード	NVIDIA RTX 30または40シリーズ（VRAM：16GB以上）
メモリー	32GB以上
SSD	1TB以上
OS	Windows 11またはWindows 10（64ビット版）

表 7.1　画像生成 AI の Stable Diffusion の動作に推奨されるスペック

「ChatGPT」のようなチャット AI を実現する「LLM」（大規模言語モデル）も、ローカルで動かすことで情報収集や文章作成などの自由度が高まります（**図 7.13**）。ローカルの LLM であれば、個人情報や機密情報を含むチャットをしても、それが学習データに利用されたり、第三者に漏れたりする心配がなくなるからです。

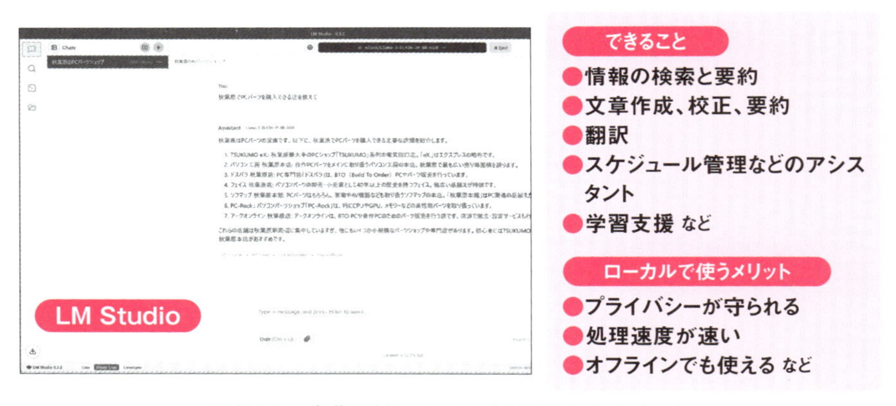

図 7.13　自作パソコンで LLM を動かすメリット

7.2 AIパソコンの自作に必要なパーツの選び方

現状は画像生成 AI アプリ「Stable Diffusion」がローカルで快適に動くスペック（仕様）であれば、多くの AI アプリが問題なく動くと考えられています。ローカル LLM を動かす目的でパソコンを自作する場合も、そのスペックなら十分でしょう。そこで今回は、25 万円以内という予算で高コスパの AI パソコンを自作することにしました。そのパーツ構成は**図 7.14** のとおりです。なお、外付けのディスプレイ、マウス、キーボードを所有していない場合は、それらも別途購入する必要があります。

PCケースは前面と側面がクリアパネルになっており、内部のライティングなどを楽しめる流行のピラーレスケースを選択。比較的低価格ながらファンを6基装備するなど冷却性能が高い点も魅力

カテゴリー	メーカー名・製品名	実売価格*a
CPU	AMD Ryzen 7 9700X（8コア／16スレッド）	6万4000円前後
CPUクーラー	ZALMAN CNPS14X DUO BLACK	7000円前後
メモリー	Micron Crucial CP2K16G56C46U5（DDR5-5600、16GB×2）	1万2000円前後
マザーボード	ASUS TUF GAMING B650-E WIFI（AMD B650）	2万1000円前後
グラフィックスボード	GIGABYTE GV-N406TWF2OC-16GD（NVIDIA GeForce RTX 4060 Ti、16GB）	7万4000円前後
ストレージ	Micron Crucial T500 CT2000T500SSD8JP［M.2（PCIe 4.0 x4）、2TB］	2万1000円前後
電源ユニット	Antec NeoECO Gold NE650G M（80 PLUS GOLD、650W）	1万3000円前後
PCケース	Antec CX700 RGB ELITE（ATX）	9500円前後
OS	Windows 11 Home	1万7000円前後

計23万8500円前後

*a 価格は2024年10月時点

図 7.14 予算 25 万円以内で自作した AI パソコンのパーツ構成

■グラフィックスボード

AI 処理の目的でパソコンを自作する場合、最も重要なパーツはグラフィックスボードになります。Stable Diffusion をパソコン上で快適に動かすには、米 NVIDIA の「RTX 30 シリーズ」以上の GPU と、16GB 以上の VRAM を搭載したグラフィックスボードが必要です（**図 7.15**）。

Stable Diffusionをローカルで快適に動かすには16GB以上のVRAMが必要

●VRAMが16GB以上のNVIDIA「GeForce RTX 40」シリーズと搭載グラフィックスボードの価格

搭載GPU	TOPS	FHDゲーム	4Kゲーム	消費電力	価格の目安
GeForce RTX 4090	1321	◎	◎	450W	28万～45万円
GeForce RTX 4080 Super	836	◎	○	320W	18万～30万円
GeForce RTX 4080	780	◎	○	320W	17万～27万円
GeForce RTX 4070 Ti Super	706	◎	○	285W	13万～17万円
GeForce RTX 4060 Ti	353	○	×	165W	7万～9万円

AIで画像生成を行うのであれば高コスパかつ
消費電力が小さく扱いやすい4060 Tiが魅力的

GV-N406TWF2OC-16GD
●GIGABYTE（ギガバイト）

図 7.15　AI パソコンにお薦めの主要なグラフィクスボード製品

グラフィックスボードは、価格が高いほど AI 処理性能とゲーミング性能が高くなります。最新の製品から選ぶとすれば、「GeForce RTX 4060 Ti」シリーズで 16GB の VRAM を搭載した製品であれば、入門用としては十分な性能といえます。

そのほかに、今回選択した PC パーツについて、簡単にポイントを説明しておきましょう。

■CPU

CPUは、米AMDのミドルレンジのモデル「Ryzen 5」でも十分です。けれども、汎用性を重視するのであれば8コアの「Ryzen 7 9700X」を選択とよいでしょう（**図7.16**）。TDPが65Wと低く、低消費電力かつ低発熱の点も魅力のCPUです。

図7.16　今回選択した米AMDのCPU「Ryzen 7 9700X」

CPUのTDPはパソコンのファームウエア「UEFI」で設定を変更できます。Ryzen 7 9700Xの定格である65Wから105Wに変更すると、処理性能を高められます。実際に測定したところ、約6％の向上が見られました（**図7.17**）。

■UEFIでTDPを105Wに変更

Target DRAM Frequency : 5600MHz
cTDP to 105W　Enabled
TDPを定格の65Wから105Wに変更して
性能を向上させることもできる
Ai Overclock Tuner　Auto

●CINEBENCH 2024のスコア

➡速い

	マルチコア	シングルコア
Ryzen 7 9700X TDP 65W	1158	132
Ryzen 7 9700X TDP 105W	1232	131

単位:pts　0　200　400　600　800　1000　1200　1400

図7.17　「Ryzen 7 9700X」のTDPの変更による処理性能の違い

■CPUクーラー

高性能なCPUは発熱量も大きくなります。このため、水冷方式のCPUクーラーが必要になることが少なくありません。けれども、今回はTDPが65Wと低消費電力なCPUを選択したので、取り扱いやすい空冷方式のCPUクーラーで十分です。ここでは韓国ZALMANの「CNPS14X DUO BLACK」を選択しました（**図7.18**）。この製品は比較的低価格ながら冷却性能が高く、Ryzen 7 9700XのTDPを105Wに変更しても問題なく利用できます。

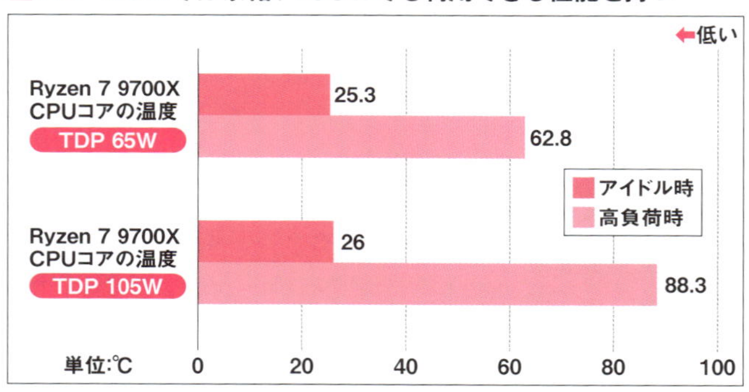

図7.18　今回選択したCPUクーラーと使用時の温度

■マザーボード

マザーボードは、選択したCPUが対応するチップセットを搭載する製品の中から選択することになります。今回は、価格と品質、機能のバランスがよいB650チップセット搭載モデルを選択しました（**図7.19**）。拡張性が高いことも、この製品の魅力で選択のポイントになります。

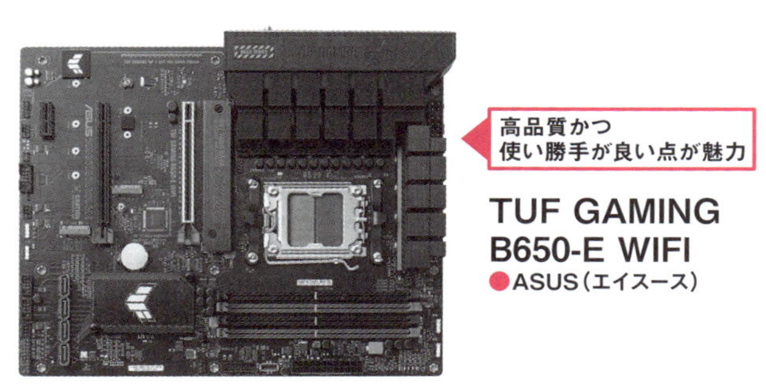

図 7.19　今回選択した B650 チップセット搭載マザーボード

■メモリー

メモリーは、CPU がサポートする規格のものを選びます。今回は Ryzen 7 9700X がサポートする「DDR5-5600」のメモリーを選択しました（**図 7.20**）。メモリーはデュアルチャンネルで使用しないと性能が落ちるため、2 枚単位で購入することが基本です。容量は予算との相談ですが、今回はコスパの高い 32GB（16GB×2）としました。

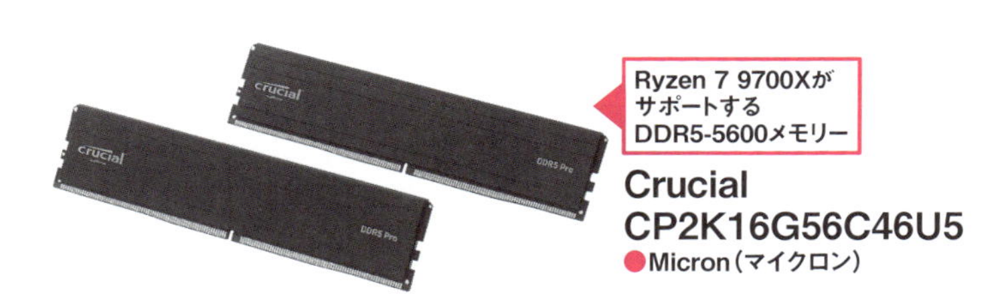

図 7.20　今回選択した DDR5-5600 メモリー

■ストレージ

ストレージは、LLM のファイルサイズがギガバイト単位と大きいこともあって、高速かつ大容量なものが望ましいです。今回は読み書き速度の公称値が 7000MB ／秒を超える高速モデルを選択しました（**図 7.21**）。グラフは、ベンチマークアプリ「CrystalDiskMark」の測定結果です。実測値も公称値通りに速いことがわかります。

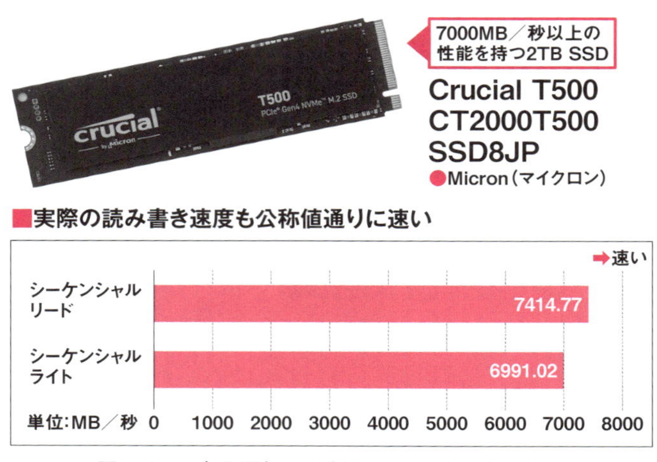

図 7.21　今回選択した製品とその読み書き性能

■電源ユニット

最後は電源ユニットです。電源ユニットの定格出力の目安は、使用するパーツの合計消費電力の2倍です。今回の組み合わせでは550Wでもよかったのですが、将来の拡張も考慮して650Wの製品を選択しました（**図 7.22**）。電力変換効率が高いことを示す「80 PLUS GOLD」の認証を取得した製品であることも、今回選択したポイントになっています。

図 7.22　今回選択した電源ユニット

なお、組み立て方については、各パーツに付属するマニュアルや、『PC自作の鉄則！ 2025』（日経BP）などの専門誌を参照してください。本体が完成したら、OSとしてWindows 11をインストールします。

Windows 11は、別のパソコンで最新版のWindows 11をダウンロードし、インストール用USBメモリーを作成する方法がお薦めです。購入したWindows 11は、プロダクトキーのみを使います。

初回起動時は、UEFI画面での設定が必要になります。各パーツが正常に認識されているか確認し、問題がなければ設定を保存して再起動します。その後、USBメモリーから起動してWindows 11をインストールし、さらに必要なドライバーをインストールすればパソコンが使えるようになります。

7.3 ローカルLLMアプリ「LM Studio」を試す

本書では、ここまでLLMプラットフォームのプログラムとして「Jan」と「Ollama」を紹介してきました。ここでは、第2章で紹介した「Jan」と同じくすべてGUIで導入から設定、利用までできる「LM Studio」を紹介します。

LM Studioで利用可能なLLMのうち、日本語に対応しているものを**図7.23**に示しました。米Metaが開発した「Llama」をベースとした「ELYZA-japanese-Llama」などを利用できます。

日本語対応の主なLLM

- **ELYZA-japanese-Llama**
  （開発元:ELYZA）
- **Rakuten AI**
  （開発元:楽天）
- **CyberAgentLM2**
  （開発元:サイバーエージェント）
- **Japanese Stable LM 2**
  （開発元:Stability AI Japan）

図7.23 「LM Studio」で利用可能な日本語対応LLM

LM Studioは、Windowsのほか macOSとLinuxでも動作します。インストールするには、公式サイト（https://lmstudio.ai/）からインストーラーをダウンロードして実行します。

LM Studioの使い方を簡単に紹介します。まずは、GUIの画面上でLLM

を検索してダウンロードします。一例として、日本語の処理性能が高いLLM「Llama3-ELYZA-JP-8B」をダウンロードする手順を**図7.24**に示しました。

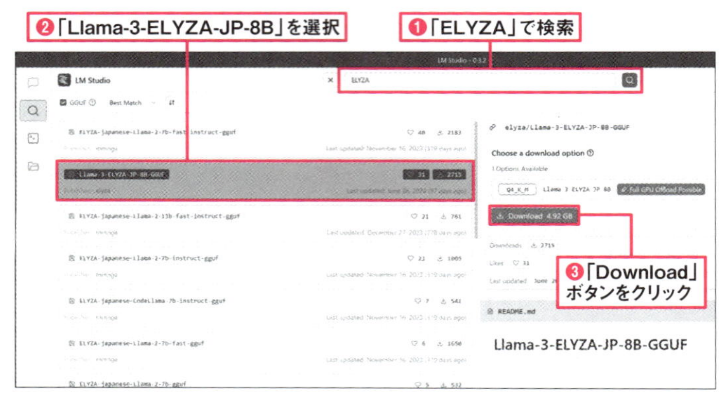

図7.24　「Llama3-ELYZA-JP-8B」をダウンロードする手順

次に、ダウンロードしたLLMを**図7.25**の手順でLM Studioに読み込ませます。

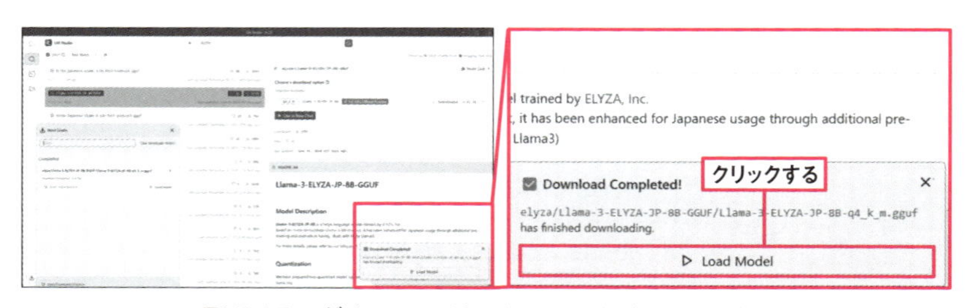

図7.25　ダウンロードしたLLMを読み込む手順

これでLM StudioでChatGPT風のチャットAIを利用できるようになります（**図7.26**）。ローカルLLMなのでチャットの内容が外部に漏れることはありません。プライバシーの心配をすることなく、自由に会話を楽しむことができます。

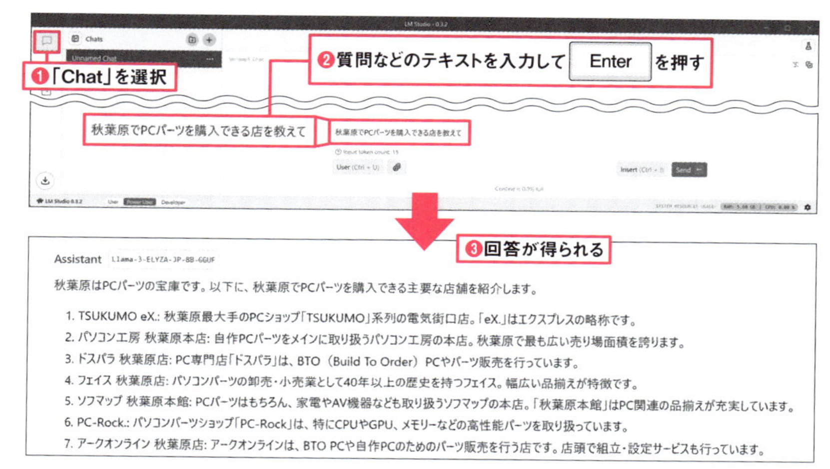

図 7.26　LM Studio で AI チャットをする手順

7章

訂正・補足情報について

本書のサポートサイト「https://nkbp.jp/llm2412」に掲載しています。

ローカルLLM実践入門

2024年12月23日　第1版第1刷発行
2025年　3月12日　第1版第2刷発行

著　　者　日経ソフトウエア、林 祐太、滝 伸次
発 行 者　浅野 祐一
編　　集　日経ソフトウエア、加藤 慶信
発　　行　株式会社日経BP
発　　売　株式会社日経BPマーケティング
　　　　　〒105-8308　東京都港区虎ノ門4-3-12
装　　丁　株式会社tobufune（小口 翔平＋佐々木 信博）
制　　作　株式会社JMCインターナショナル
印刷・製本　TOPPANクロレ株式会社

ISBN　978-4-296-20672-8